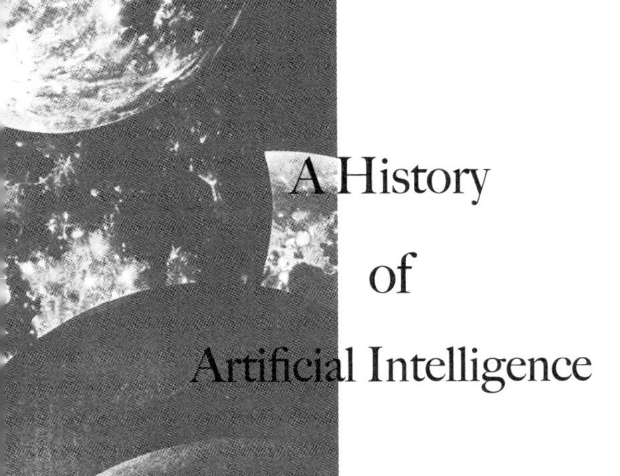

A History
of
Artificial Intelligence

人工智能
风云录

刘 飞——著

電子工業出版社
Publishing House of Electronics Industry
北京 · BEIJING

图书在版编目（CIP）数据
人工智能风云录 / 刘飞著 . -- 北京 : 电子工业出版社 , 2024. 9. -- ISBN 978-7-121-48591-6
Ⅰ . TP18-49
中国国家版本馆 CIP 数据核字第 20245PF087 号

责任编辑：王小聪
印　　刷：天津画中画印刷有限公司
装　　订：天津画中画印刷有限公司
出版发行：电子工业出版社
　　　　　北京市海淀区万寿路 173 信箱　邮编：100036
开　　本：787×1092　1/32　印张：8.5　字数：137 千字
版　　次：2024 年 9 月第 1 版
印　　次：2025 年 2 月第 2 次印刷
定　　价：59.90 元

凡所购买电子工业出版社图书有缺损问题，请向购买书店调换。若书店售缺，请与本社发行部联系，联系及邮购电话：（010）88254888，88258888。

质量投诉请发邮件至 zlts@phei.com.cn，盗版侵权举报请发邮件至 dbqq@phei.com.cn。

本书咨询联系方式：（010）68161512，meidipub@phei.com.cn。

推荐序一

人工智能，过去对多数人而言，是一个遥远的概念。2023 年 ChatGPT 引起全世界关注之后，人工智能变成了一门大众都在关注的热门“显学”，很多人开始期待了解人工智能，期待知道人工智能到底“厉害”在哪里。

想要从技术层面理解人工智能，我们可能需要从高等数学开始学起，然后从决策树算法、线性回归，到支持向量机（SVM）和反向传播算法，最后到卷积神经网络（CNN）和强化学习（RL），到这个地步，估计才可以对一些如今前沿技术的细节有所了解。

然而，在人工智能世界里，并不只有技术的发展，技术发展的背后，是各种各样的人。他们不仅创建了人工智能学科，引领了不同的学派，还在路线和方法上做斗争。正是因为人与人的关系复杂，才精彩纷呈、高潮迭出。读完这些人的故事，你就能够大概知道，人工智能是什么、有怎样的发展历程，以及到今天为止发展到了什么阶段。

刘飞是我在哈尔滨工业大学 SCIR（社会计算与信息检索研究中心）的硕士研究生，曾经有过一些技术背景。之所以说曾经有过，是因为他毕业后就从事产品经理工作了，没有再从事技术工作。读研期间，他就很喜欢“不务正业”，除了完成学业，他还做些个人爱好驱动的事情，比如，他写了一本关于计算机专业学生考研的书；又比如，他制作过一部贺岁短片，在 SCIR 内部放映，我在其中也本色出演了一个角色；再比如，他在元旦晚会上穿着长衫表演相声，等等，这些爱好都发展成了才艺。乃至他毕业后多年，有一次我在机场翻到了一本关于产品经理的书，定睛一看，作者是刘飞，竟然是自己的学生。

在 2023 年，“不务正业”的刘飞对人工智能的历史产生了好奇，并在他的播客“半拿铁”里开始讲述人工智能的故事，前后做了 4 期共 7 小时，还挺受听众欢迎，每期都有 20 多万次的播放量。所以，他把文稿做了增、删、改后，整理成书，请我审阅，并帮忙写这篇序。

诚然，这本书是讲故事的，不是讲技术的，很多关于技术的讲述都是浅尝辄止。但这本书足够有趣，也有很多历史细节，既可以当作初识人工智能概念的工具书，知道机器学习是怎样出现的、神经网络与深度学习又有什么关系，同时也可以当作一本纯粹的故事书、一本科普读物，了解科学家们有什么奇闻趣事、知名的大公司是怎样抢夺人才的。

我作为一名教师，一直投身于学术和教育事业，过去曾经担任过哈尔滨工业大学计算学部主任和人工智能研究院副院长，计算机和人工智能算是我的“专业”。我深知，想要真正理解人工智能，简单的一本故事书是做不到的。很多老师和同学，深耕数年，也才刚刚入门。在这个过程中，他们势必要阅读大量的学术论文和出版物，要进行大量的学习和实践，要付出更多的心血、花费更多的心思。

那么，刘飞的这本书，是否会显得过于“轻佻”呢？我倒觉得不会。能令人产生兴趣，能激发读者的动力，本身也是很有价值的事情。在我的学生里面，有些是因为喜欢电子游戏而选择了计算机专业，有些是因为看到过有趣的机器人而选择了人工智能专业，这种油然而生的冲动，是非常宝贵的。

我希望，这种“宝贵的冲动”在你读完这本书后，也能发生在你的身上。希望这本书能让你感受到，人工智能原来并不遥远，人工智能原来很有趣，继而进一步地关注更多发生在人工智能世界里的奇妙故事，抑或愿意投身于这一全球瞩目的未来学科。

哈尔滨工业大学副校长

刘挺教授

推荐序二

本书拟出版于 2024 年，此刻，由大语言模型开启的新一轮人工智能热潮，还在像波浪一样向前推进，终将冲刷到世界的每个角落。一拨儿又一拨儿像你我一样的普通人，先后并即将经历震撼、好奇、兴奋、期待的奇妙历程。震撼于“它好强”，好奇于“它是怎么做到的”，兴奋于“原来是这样的”，期待于“它将来会无所不能”。

当然，大多数看到这本书的人，想必都已经走完了这段历程，并且即将跟随本书开启下一段我初窥它时称之为“人工智能前传”的溯源之旅。其实，说是前传，实则正传。今日种种，昨日早已播种。任何参天大树都离不开地下繁茂的根系，任何泉流的涌现都有赖于丰富的水源涵养。虽然隐藏的部分从来不会被第一眼看见，但你只要往下刨、向下挖，它们一定就在那儿。这本书就像一把锄头，它挥舞起来，带着你我去寻找人工智能的根脉。而挥锄的人，必定是一个对世界充满好奇，喜欢追根究底的人。

多年以前，作为哈尔滨工业大学主修自然语言处理（NLP）的一名计算机专业硕士研究生，刘飞种下了他与人工智能缘分的种子。走出校园，作为曾经徜徉于数家大厂的产品经理、曾经开启过数段事业的连续创业者和曾经在多个头部互联网平台产出过大量内容的勤奋创作者，他对世界的好奇始终有增无减，不断汲取养分，充实自身，又向外反哺。作为刘飞十几年的老友和播客事业的同路人，我见证了这个过程，深感欣慰与佩服。欣慰他一路走来收获颇丰，佩服他一如既往活力满满！现在，这份活力又结出了新果。

本书主体内容脱胎于播客“半拿铁”的人工智能风云录系列。回望 2023 年初，此轮人工智能热潮方兴未艾，刘飞就以极大的热情投入到了对人工智能的历史、现状和应用的学习和研究当中。其中一部分的研究成果，他选择用讲故事的形式呈现在播客节目里。为了讲好这个几乎要成为人类第四次工业革命高潮的故事的起源，他投入了比以往更多的热情和精力，埋头在浩瀚的资料中，尽情捡拾、尽力还原、尽心梳理当年那些令人血脉偾张、激动万分的“人类群星闪耀时”。四期节目，他讲得精彩，我听得尽兴，听完久久难忘，余音绕梁。有很多播客节目的听友也都相继留言，希望这些承载了人工智能发展根脉的故事，也可以通过文字的形式呈现出来、沉淀下来，让播客听众之外的更多人，有机会可以和故事里的有趣灵魂相遇，打开另一扇世界的大门。于是，便有了这本《人工智能风云录》。

如果你对人工智能兴趣满满，那么书中的很多情节想必能让你兴奋连连。哪怕你先前因为觉得人工智能太难，而对技术细节兴致不高，书里云谲波诡、扣人心弦的故事，又恰恰能替你抽丝剥茧、化繁为简，让你行云流水般地迈开大步，酣畅淋漓地云游人工智能名人堂。

好了，话不多说，不妨来杯半拿铁，咱们边喝边读。

祝你，旅途愉快～

播客“半拿铁”主播

潇磊

引言

在遥远的昨日，有位梦想家名叫戈特弗里德·威廉·莱布尼茨（Gottfried Wilhelm Leibniz），他在闪耀的星空下构想了一种机器，能够运算所有的数据。他的梦想如同夜空中最亮的星星，虽遥不可及，却指引着后来者的方向。

跟随这颗星，我们遇见了查尔斯·巴贝奇（Charles Babbage），一位生活在蒸汽时代末期的魔术师，他巧夺天工地打造了一台差分机，这是一座不需要电力驱动的铁制“迷宫”，以齿轮和杠杆的“语言”讲述着多项式的“故事”。在那个由铜管和蒸汽构成的世界里，他如同守护着古老秘密的炼金术士，试图揭开宇宙运算的神秘面纱。

穿越时间的迷雾，我们遇见了另一位在第二次世界大战烽火中进行和平解码的先知——艾伦·麦席森·图灵（Alan Mathison Turing）。他的图灵机，如同一颗镶嵌在时间长河中的宝石，让我们第一次真正理解了计算的真谛。他的图灵测试更是一面镜子，反射出了人类智慧的边界，同时也是一扇门，通向了智能机器的无垠世界。

再往前走，克劳德·艾尔伍德·香农（Claude Elwood Shannon），这位信息时代的诗人，将通信的静态与动态编织成了一部宏伟的交响曲。他的“信息熵”概念，不仅是科学界的里程碑，更是一种语言，揭示了世界的本质是信息，而混沌和秩序仅是信息的两种“舞蹈形式”。

夜幕降临，智慧之光从图灵和香农的灯塔发出，穿过时间的纱幕，指引后来者走向知识的海洋。在这片知识的海洋中，有着各式各样的航行者，他们是人工智能的大师们。

本书是一次时空之旅。它不仅讲述了一个关于科技进步的故事，还绘制了一幅由人类智慧织成的美丽画卷，一张联结过去与未来的地图。每一章、每一篇，都是这张地图上的一个标记，每一个标记都代表了一次探索、一场冒险或一个梦想。

通过这些故事，我们不仅走近了机器的心脏，听见了它们的跳动声，我们还会体会到那些伟大思想背后的喜悦、悲伤、挫折与成功。

现在，请翻开这本书的第一页，开始你的探险吧！沿着那些先驱者的脚步，去感受他们的激情和执着，去了解他们如何用智慧之光，点亮通往未知世界的路标。

（引言由 ChatGPT 生成。）

目录
CONTENTS

117 第 9 章

为有源头活水来——专家系统

费根鲍姆带领的团队，之后持续在专家系统方面深耕。当 20 世纪 70 年代人工智能的“第一次寒冬”到来后，费根鲍姆在申请经费和汇报项目的时候更加谨慎，十分注意措辞，让主要的资助方 DARPA 以为他们做的项目，跟人工智能并无关系，这才生存了下来。

131 第 10 章

世事一场大梦——“第二次寒冬”

日本引发的这一轮动荡，对人工智能行业和计算机行业产生了不小的影响，也再次打击了政府等潜在资助方的信心。从 1990 年初，到 1993 年底，有 300 多家人工智能公司倒闭或者破产。

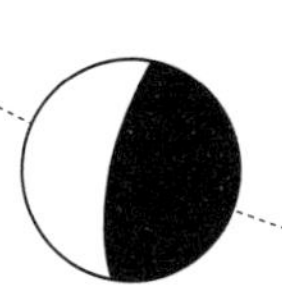

第 11 章 145

国际象棋程序——机器学习

深蓝的成功，也引起了更多人对下棋这件事的探索。当时常见的评论说，国际象棋还是棋局变化较少的，而人的优势是可以处理复杂的棋局，有本事让机器下围棋试试，想必它永远都下不过人。

第 12 章 161

十年寒窗无人问——杰弗里 · 辛顿

但杰弗里 · 辛顿并不死心，他是有信仰的。他读大学时选择的专业，无论是物理学、心理学还是哲学，都是围绕大脑的，而做人工智能也是为了研究大脑的能力，这是他毕生的追求，不能因为明斯基的一本书，说不做了，就不做了。

第 1 章

“莱布尼茨之梦”与差分机

在所有可能的星球中，我们生活在最好的那个上。

——戈特弗里德 · 威廉 · 莱布尼茨

（Gottfried Wilhelm Leibniz）

1646年，戈特弗里德·威廉·莱布尼茨出生于罗马帝国统治下的德国莱比锡。他的父亲是一位大学教授，有自己的图书馆，因此莱布尼茨从小就受到了大量学术著作的熏陶。

莱布尼茨的本职工作虽是律师，但他却沉迷于科学，并对物理学、生物学、医学、地质学、概率论、心理学、语言学、政治学、法学、伦理学、神学、哲学、历史学等方面都十分感兴趣。尤其是在数学方面，他与牛顿先后独立发明了微积分，如今他所创立的微积分数学符号有着更广泛的应用。

戈特弗里德·威廉·莱布尼茨

他在哲学方面也颇有成就，他的哲学理论使人积极乐观，他有着“我们生活在最好的世界”的论调。他与笛卡儿、斯宾诺莎被认为是17世纪最伟大的理性主义哲学家。

莱布尼茨对符号学有很多想法，他意识到，阿拉伯数字实际上是一套符号系统。于是，莱布尼茨提出了二进制，这是最简洁的一个符号系统。只用0和1这两个数字，就能表达所有的内容。

从这点出发，他想到能否创建一种语言，让它的每个符号都表示确定的含义，而不是像我们现在的语言，多数比较抽象，有很多可解释的空间。这些符号应当跟数学一样精确，不会被误读。

莱布尼茨推演了一下这个创造符号的计划该如何执行：首先，必须有一套涵盖人类所有知识的百科全书，里面无所不包；其次，对所有知识，都用一个特定符号来表示；然后，设计一个精确的系统，它能描述所有知识，跟数学一样精确；最后，符号跟符号之间能互动，也就是推理和演算。如此一来，这个机器就能跟上帝对话了。

这个设想，在那个年代显得过于超前，犹如科幻小说一般，也像一场大梦，后世将其称为“莱布尼茨之梦”（Leibniz’s Dream）。

纵观科学史和技术史，这种设想往往会超出一般人的想象。然而，就在“莱布尼茨之梦”这样一个看似荒诞的故事之上，诞生了计算机科学和人工智能。

人们对于“莱布尼茨之梦”的探索，早在18世纪就出现了。

查尔斯·巴贝奇，1791年出生于英国，于剑桥大学毕业后，留校成为老师。巴贝奇在天文学、物理学、数学、密码学、铁路工程学等方面都有很大的贡献，也是著名的发明家和经济学家。

查尔斯·巴贝奇

1822 年，巴贝奇开始研制令他青史留名的一台机器，叫作差分机（Difference Engine）。差分机是什么呢？它是基于复杂的机械原理制造而成的一种计算机设备，有 25 000 多个零件，重达 4 吨。它能做什么呢？它不能用来缝纫，也不能用来染色，而是用来计算多项式的。

看似是科学家的玩具，却是世界上第一台以物理机械的方式来表述和计算逻辑的机器。这正是未来计算机和人工智能的底层逻辑。

之所以叫差分机，是因为它使用的求多项式的方法叫作有限差分法，是一种微分方程计算方式。这种计算方式不需要乘法和除法，因为乘法和除法在机械上很难实现。

差分机不需要电路板，也不需要晶体管，仅凭借机械运转，就能得到复杂方程的计算结果，算是计算机最原始的样机了。但是很可惜，差分机并没有被完整地制造出来。因为在那个年代，制造标准还达不到那么高的要求，再加上成本问题，于是差分机就“夭折”了。

但是，差分机的历史地位是非常高的，它证明了在一些计算问题上，机器是可以实现的。

差分机的一部分

后来，巴贝奇持续优化这种理论，并提出了分析机（Analytical Engine）的概念。它不仅能用打孔卡进行编程，同时还能把之前的计算结果，作为下次计算的输入。

这已经很接近真正的计算机雏形了，别忘了，那是在 19 世纪中期。

巴贝奇一直到去世前，都在优化和迭代自己的设计方案。不过很可惜，他在世的时候并没有做出来。他去世之后，1991 年，伦敦科学博物馆根据他的设计图成功地做出了差分机，并且成功地得到了正确的计算结果。

巴贝奇在计算机领域的影响不仅是优化和迭代了

差分机，他还机缘巧合地给了另一个人启发。1833年，有位姑娘来找他，巴贝奇一问，竟是艾达·洛夫莱斯（Ada Lovelace），也叫洛夫莱斯伯爵夫人。之所以叫洛夫莱斯，是因为随了丈夫的姓，她原名叫艾达·拜伦（Ada Byron）。说到拜伦，大家首先想到的应该是英国诗人拜伦，芝麻掉到针眼里——巧了，这位艾达小姐就是他的独生女。

巴贝奇本来觉得，这就是一个贵族小姐来看看热闹。他是知名的发明家，也经常参加这种社交活动，给贵族名媛展示一些他的小发明。没想到，艾达不喜欢那些小发明，反而很喜欢差分机。她自己也非常喜欢学习数学、物理知识。

巴贝奇和艾达此后就成了笔友，持续通信交流对数学和计算机器的看法。在信中，巴贝奇还给艾达起了个外号，叫“数字女巫”（Enchantress of Number）。也许是遗传了父亲的优良基因，艾达很会写作，时常翻译并注释介绍分析机和差分机的外文文章，并在科学界引起了不少关注。比如，法拉第（Faraday）就曾表示，自己是她的忠实读者。

艾达发现，很多人在理解这些文章的内容时十分困难，于是她就对其翻译的文章做了大量的注释。这些注释并不是简单的批注，有时注释的文字甚至会超过文章字数的三倍还多。在一篇注释中，艾达详细描述了一个案例，即怎么用分析机计算伯努利数序列。

虽说分析机只有一个设计方案，还没有落地，但由于设计得很严谨，所以她的计算程序原则上是可以执行的。所以，艾达就被称为世界上第一个计算机程序员，而她写下的这个程序也是世界上第一个计算机程序。

1851 年，艾达在癌症晚期的时候，写信给巴贝奇，让巴贝奇成为她的遗嘱执行人。他们两个人的友谊，也算是科学史上的一段佳话了。

艾达・拜伦

后世对艾达的纪念方式有很多。美国国防部发明了一种计算机语言，就叫 Ada。1981 年，计算机领域女性协会设立了艾达奖。2022 年，英伟达发布新的 GPU（图形处理器）架构叫作 Ada。而且，在世界上的很多地方，都能看到艾达的雕像。大模型 GPT-3 有多个基本模型，其中有一个叫巴贝奇，还有一个叫艾达。

在新版的英国护照中，有一页的背景插图就是巴贝奇和艾达。如果打开这一页，就可以看到曾经对计算机器充满向往的他们，用穿越百年的眼神，正在看着这个计算机已遍布各个角落的世界。

第 2 章

论文一篇，盘古开天——图灵

在某个阶段，我们应该期望由机器接管一切。

——艾伦·图灵（Alan Turing）

英国在 17 世纪南征北战，很多贵族会跟随军队作战，其中有一个家族，叫作图灵家族。到 18 世纪，图灵家族已经没落，家里虽有着代表往昔辉煌的爵位，但生存状态跟老百姓区别不大，顶多算是中产阶层。

到了 1873 年，图灵家族中出生了一位名叫朱利叶斯 · 图灵的人。1894 年，朱利叶斯 · 图灵从牛津大学基督学院毕业，决定报考公务员。他考的是哪里的公务员呢？印度的。

看时间大家就知道，彼时正是英国殖民时期，印度是英国的殖民地。这里，咱们不谈历史问题和国家问题，只说对于朱利叶斯 · 图灵这样的英国老百姓而言，去印度当公务员算是不错的工作机会。从报考录取率来看，那个岗位炙手可热，从 154 个人里，选 7 个出来。朱利叶斯顺利考上了，在印度做民政事务官，还娶了一个媳妇，也是在当地工作的英国人。

后来媳妇怀孕了，两人商量着，怎么也得给孩子弄个伦敦户口吧。于是，二人就回到了英国，在 1912 年生下了孩子艾伦 · 图灵，这位就是接下来我们要说的主人公——图灵了。

图灵的爸妈依然需要长期在海外工作，所以他就跟大他 4 岁的哥哥一起被寄养在了他爸妈的朋友家里。那是一对军人夫妇，他们对图灵的评价不佳，说他既不和小朋友一起玩，也不打架，也不玩玩具，还不爱户外运动，担心他性格有点问题。

图灵虽然孤僻，却不愚笨，据说他花了 3 周时间就把英文字母全都学会了，学数字的时候花费的时间更短。刚会说话不久，有一天图灵把一个木偶玩具埋进土里，妈妈见状问他："嘿，亲爱的，你在做什么？"图灵回答："种瓜得瓜，种豆得豆。我在种木偶，看看能不能长出一个新的。"

图灵小时候的梦想是成为医生。上学后，老师并不喜欢他，因为他特别讲逻辑，而似乎又少了些情商，喜欢辩论，直接指出老师的错误，这自然会被视为抬杠。

图灵对数学情有独钟，不喜欢体育课。不过，他很喜欢跑步和骑车，可能是跑步和骑车的时候可以思考吧。13 岁那年，刚刚开学，图灵要去谢伯恩寄宿学校报到，可由于当时发生了工人大罢工，当地的公共交通设施全部停运。图灵没有像其他人一样，等到交通恢复后再出门，而是从南安普敦一口气骑行了96千米赶到了位于多塞特郡西北的学校上学，相当于来了一场骑行马拉松，轰动全校。

到了16岁，图灵开始读爱因斯坦的著作。他不仅能看懂，还能看出爱因斯坦对牛顿的运动定律颇有微词。那时这种不明显的观点，很少有人能看出来。图灵特别喜欢数学，在19岁时考入了剑桥大学国王学院，攻读数学专业。22岁，他就获得了国王学院院士的职称。这个院士和我们熟知的中国国家院士、美国国家院士不同，它相当于学校里的特别教职，能够参与教学工作，并且有做学术的机会。

1936年，年仅24岁的图灵撰写了一篇论文《论可计算数及其在判定问题上的应用》（*On Computable Numbers, With an Application to the Entscheidungsproblem*）。简单来说，图灵在论文中提出了一个问题：是否存在一种机械的方法，可以解决各种数学能解决的一切问题，包括数学计算、文字处理、下棋等等。比如一元二次方程，虽然它是抽象的，但可不可以对应到现实世界的机械操作中去完成一套物理装置，只需操作一下，结果就出来了。图灵在提出这个问题后，并证明了这在逻辑上是行得通的，同时他还介绍了一种方法，这种方法原则上的确可以解决所有数学能解决的问题。

这种方法其实是一个概念模型，其中有一条无限长的纸带、一个读写头、一套控制规则，以及一个状态寄存器。我们以现实场景为例来描述一下这个概念模型，有一条流水线（纸带），读写头就像一个永不停歇的工人（读写头），它一边对比当前的状态（状态寄存器）和操作手册（控制规则），一边按流水线的顺序完成操作，每完成一步操作，就调整一下工作状态（状态寄存器），直到状态显示完成。

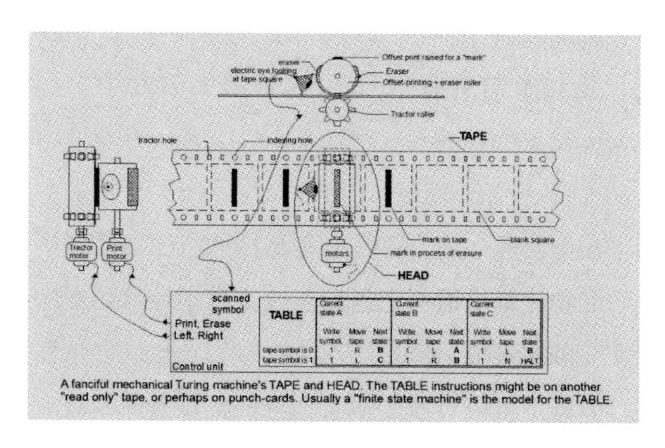

A fanciful mechanical Turing machine's TAPE and HEAD. The TABLE instructions might be on another "read only" tape, or perhaps on punch-cards. Usually a "finite state machine" is the model for the TABLE.

图灵设想的概念模型

这个模型后来就被称为“图灵机”，它足够简捷，又完全符合逻辑，能顺利运行。它成为未来所有计算机的雏形。哪怕未来的计算机结构千变万化，都没有超出图灵机的框架。

结合前文，大家应该也能联想到，这正是“莱布尼茨之梦”的更具体、更细化、更落地的一个版本。图灵也表示，他曾受到“莱布尼茨之梦”的启发。

图灵机虽说只是极简模型，但后来真的有“发烧友”把这个给实现了，叫作 Brainfuck。它只有 8 个命令、2 个指针，别的什么都没有，但正如图灵机原理所揭示的，它确实能实现所有计算机编程。比如，计算机编程常用的最基础的语句“Hello，World！”用 Brainfuck 写出来是这样的：

```
++++++++ [ > ++++ [ > ++ > +++ > +++ > + <<<< - ] >
+ > + > - >> + [ < ] < - ] > > 。> --- 。+++++++ ..
+++ 。>> 。< - 。< 。+++ 。------ 。-------- 。>> + 。>
```

这种计算机语言几乎没有什么实用性，更多的是对图灵机的致敬，也算是一种行为艺术。

而图灵机在被创造出来之后，很长时间都默默无闻。当时的条件太不成熟，在物理层面还没有实现的可能性，也没有人意识到它背后的巨大价值。

1938 年，26 岁的图灵到普林斯顿高等研究院交换学习，拿到了数学博士学位。此时，有一位老师很喜欢他写的关于图灵机的论文，想让他留下做自己的博士后助理，图灵没有答应。这位老师，正是计算机发展史上的另一位巨擘——约翰·冯·诺伊曼（John von Neumann）。他受到图灵的启发，对计算机有了很多新的思考。

1939 年，图灵回到剑桥大学任教。当时的剑桥大学是群星璀璨，图灵平常最喜欢与隔壁办公室的老师路德维希·维特根斯坦辩论。

图灵一生中最精彩的经历，是受到二战中英国皇家海军的招募，成立了一个密码破解小组，也被称为“图灵小组”。德国研发了一套密码系统，叫作恩尼格玛密码机（Enigma），在战争中被广泛使用，而且被德军引以为傲，认为它是不可能被破解的。图灵小组花了两年时间，在多方帮助下（如美军提供了一些密码本）成功破解。

图灵被认为在破解任务中起到了决定性的作用。此后，德国海军的大量行动失败，包括日军司令官山本五十六的座机航线，也被盟军获知，导致后来他葬身大海。有学者认为，图灵小组的工作，让盟军在欧洲战场的胜利提前了两年。

说句题外话，图灵在此期间保持了跑步的习惯，上班经常跑步去，全程 64 公里。战后，图灵还在 1947 年全国马拉松比赛中获得第五名的佳绩，要不是因为受了伤，他还会参加 1948 年的奥运会。

在二战期间的这段工作里，图灵必然要跟同为盟军的美国科学家们交流。1942 年，图灵来到美国，跟贝尔实验室的人合作。有一位贝尔实验室的科学家也在研究密码。而且巧的是，此人研究的是加密系统，图灵研究的是破解系统，两个人正好可以互补、互相攻防，后来也成了好朋友。这个人眼光毒辣，对图灵机很感兴趣，二人还时常就智慧机器、人造智能等话题进行讨论。这个人正是克劳德・香农，图灵和香农恰巧就是人工智能领域的两个祖师级别的人物。关于香农的故事，我们下文再聊。

1945 年，二战结束，图灵继续待在伦敦，为了实现他的图灵机而奋斗。这时，逐步浮现出了实现的可能性——电子管被发明了出来，这是计算机主要元件晶体管的前身，此时半导体行业也初具雏形。图灵在英国国家物理实验室工作，并且参与研发了电子计算机。

1945 年底，图灵制作了 48 页的打字稿，以及 52 张示意图和表格，完成了世界上第一个完整的电子存储程序数字计算机的设计，这台计算机被称为“自动计算引擎”（Automatic Computing Engine），简称“ACE”。它的时钟频率达到了 1MHz，也就是 1 秒有 100 万个运算周期，这在当时属于顶尖的水平。（我目前的笔记本电脑的时钟频率大概在 3.5GHz，也就是 1 秒有 35 亿次运行。这就是 70 多年后科技发展的结果，想必图灵知道了，也会很欣慰。）

1945 年，图灵正在与美国的同行们“赛跑”。熟悉计算机发展史的人应该知道，美国那时研发的那台机器，叫作电子数值积分计算机（Electronic Numerical Integrator And Computer），简称“埃尼阿克”（ENIAC）。可以说它是世界上第一台计算机，严格来说，是第一台“图灵完备”（Turing Complete）的计算机。图灵完备是一个学术概念，指的就是使用图灵机逻辑，并且可以互相模拟。简单来说，就是可以通用。别看不同的计算机的结构差别很大，使用的语言也不一样，其实原则上都可以互相模拟，计算机可以模拟手机，手机也可以模拟计算机。只不过，模拟的效果会受到计算机性能的限制。所以哪怕像ENIAC这样的“老古董”，原则上也能执行Windows系统，只是效率极低，正常操作的话可能要以万年为单位进行计算了。

为什么图灵的“赛跑”失败了呢？因为毕竟是制造大型机器，不是光有合适的程序设计和原理就行，还要考虑组织问题和政策问题。组织上安排的人不靠谱，后来都纷纷跳槽了。项目进度并不乐观，领导对此越来越失望。最后，图灵自己也失望了，跟领导闹了矛盾，职场受阻，被开除了。至此，图灵就跟自己的ACE项目彻底告别了，也跟制造世界上第一台计算机的机会告别了。

此时，在美国，冯·诺伊曼本来并不是计算机方面的专家，但听说了ENIAC项目，表示很感兴趣，于是以顾问的身份参与了进去。他发现，ENIAC是有缺陷的，因为没有存储系统，而在图灵的早期理念里，存储系统是有雏形的，于是冯·诺伊曼大笔一挥，写了一篇震古烁今的101页的报告，并在ENIAC基础上成功迭代，做出了离散变量自动电子计算机（Electronic Discrete Variable Automatic Computer），简称“埃迪瓦克”（EDVAC）。

这种计算机被称为存储程序计算机，即存储器是存储器，运算器是运算器。通俗来讲，就是我们常说的硬盘是硬盘，内存是内存，中央处理器是中央处理器。这种结构第一次出现后就被叫作“冯·诺伊曼结构”了。冯·诺伊曼有着广泛的“群众基础”，被认为是计算机之父中的其中一位，而且还是最重要的一位（对此，ENIAC和EDVAC的真正创造者埃克特和莫奇利肯定不会赞同）。冯·诺伊曼自己曾经讲过，他确实从很多人的思考中汲取了智慧。比如，参考了图灵的那篇论文——《论可计算数及其在判定问题上的应用》。

后来，我们常常以为图灵只是一个理论科学家，其实他差点儿就做出了第一台计算机（在ACE的设计框架里有存储系统），可惜造化弄人。ACE后来没有成为第一台计算机，但在图灵离职后，还是被制造出来了。在个人计算机时代到来之前，ACE一直是英国各种大型计算机的原型机。英国军方的防空系统、国家实验室里的超级计算机，都是在 ACE 基础上改造的。

失去了做工程机会的图灵，开始专注于理论研究，1950 年，他又写下了一篇改变世界的论文：《计算机器和智能》（*Computing Machinery and Intelligence*）。这篇论文的名称大家也许很陌生，但论文的核心概念肯定人尽皆知：图灵测试。

图灵测试描述的是一个思想实验：由一位询问者写下自己的问题，随后将问题发送给在另一个房间的一个人与一台机器，由询问者根据他们所做的回答来判断哪一个是真人，哪一个是机器。如果无法判定，就代表着这台机器通过了图灵测试。

虽说只是一些思想的论述、概念的解释，但由于这篇论文的内容实在过于超前，因此图灵被认为是人工智能之父。

论文中提到的图灵测试，从这篇论文发表后，就成了时常被讨论的热门话题。每隔一段时间，就会有媒体报道说，哪个系统通过了图灵测试。包括 2022 年底发布的 ChatGPT，很多人也在用图灵测试的方法去试验。图灵测试成了检验人工智能发展阶段的重要标准。换句话说，图灵没有给出方法，而是直接给出了一个结果：你们就往这个目标去。图灵说往那个方向去，后来所有的人工智能研究者、实践者，就都往那个方向去了。

1952 年，图灵亲自对图灵测试做过预测，认为至少需要 100 年才能实现，算下来也就是 2052 年。我们拭目以待。

科学的有趣之处在于，有的思想实验未必会带来直接的科研结论，但是会间接带来很多新的可能性。比如，我们习以为常的图形验证码，英文单词是“CAPTCHA”，全称就是“通过图灵测试来完全自动地分辨出计算机和人类”（Completely Automated Public Turing test to tell Computers and Humans Apart）。这就是利用了图灵测试的理念，来检验访问者究竟是真人还是机器。

在提出图灵测试之后，图灵还继续细化了他的人工智能理论，并提出了一个新的理论：学习机器（Learning Machine）。这个机器包括接收信息的能力，比如视觉识别、语音识别、语义理解等；包括存储和使用知识的能力，比如推理能力；包括改进和提升自己的能力，比如基于统计概率等去学习；包括对外界反馈的能力，比如语音合成、自然语言处理等。这些全部都是之后在人工智能领域真实出现的。

他认为计算机未来完全可以模拟人类，计算机也会掌握学习能力并从经验中成长。他甚至提出应该模拟神经元的逻辑，用计算机的计算模拟生物的思考（这也符合图灵机的逻辑）。未来也许还能用电话线远程控制计算机。可惜，图灵被时代所限制，想施展拳脚，却没有条件实现。这些在当时看来十分科幻的设想，将会激励无数的科学家和企业家，在探索未知的路上不断前行。

在理论之外，图灵还做过一些简单的实验。图灵在曼彻斯特实验室做负责人时，就开发了很多有意思的程序。比如，使用计算机的机器噪声输出音符，发出声音。图灵还开发了一个叫作 Turochamp 的国际象棋程序。Turochamp 是图灵和一个统计学家姓氏的组合。他们共同开发了这个程序，但也是由于受条件限制，直到图灵去世，都没有办法在计算机上运行。因此，作为一个完备的国际象棋程序，它只能通过人工模拟，我们可以大致把它想象成一个完全按照游戏规则就能实现单人与人工智能下棋的桌面游戏。这个程序大大启发了国际象棋人工智能的发展，因此它也被称为最早的计算机游戏之一。

图灵离开 ACE 团队后，依然参与了很多科学研究工作。他正值壮年，未来其实大有可为，但命运并没有给他更多的机会。

1951 年，图灵遇到了一个人，阿诺德·穆雷，他们很快就成了情侣关系。穆雷不是一个很体面的人，图灵发现他经常偷家里的东西，于是就把穆雷扭送到了警察局。在做笔录的时候，图灵坦诚表示他与穆雷是同性情侣关系，警察听后大惊失色，把盗窃一事暂且放到了一边，反而追问他们之间发生了什么事。单纯的图灵还反问警察：现在我们国家居然还没让它（同性恋）合法化吗？不会吧？

20 世纪 50 年代，英国处于异常封闭专制的时期，而图灵做的工作又属于高精尖产业，其所在的科研机构和组织都对名誉极为看重，档案中若有这么一条记录，意味着他做科研工作的前程全都毁了。图灵为了避免坐牢，接受了很耻辱的化学疗法，这种疗法又被称为“化学阉割法”。具体而言，是打雌性激素、降低性冲动。这种方法会让人的身体发生变化，如乳房变大，是很有侮辱性的。

经历过如此波折，他的朋友们发现图灵的状态恢复得还不错。他继续研究数学在生物学上的应用，提出了反应扩散系统，属于数学生物学中的开创性工作。

但是，1954年6月7日，图灵突然被发现死在家中，手里还有一个吃了一半的苹果，死因是氰化物中毒，年仅41岁。警方调查后的结论是自杀，毕竟他在死前4个月曾立了遗嘱。也有不少图灵的亲友不同意这种说法，他们认为他那段时间积极乐观，还会去阳光沙滩度假。此案成了科学史上的一个悬案，始终没有找到明确的自杀证据，也没有明确的谋杀证据。

图灵的故事在2014年被拍成了电影《模仿游戏》（*The Imitation Game*），由本尼迪克特·康伯巴奇主演。顾名思义，讲述的是图灵终其一生都在研究怎么让机器模仿人，而且取得了巨大的成就。也同样是在2014年，英国女王伊丽莎白二世，宣布赦免图灵的“严重猥亵罪”，整整60年后，终于还了图灵一个清白。2016 年，英国政府宣布对历史上所有同性恋的猥亵罪都予以赦免，相关的法案被称为《图灵法案》。

艾伦·图灵

图灵被称为计算机科学之父、人工智能之父，被公认为 20 世纪最伟大的数学家之一。以图灵命名的图灵奖，从 1966 年开始颁发，也是公认的计算机领域的“诺贝尔奖”。能够获得图灵奖，是所有计算机科学家的毕生追求。

美国杂志《时代》把图灵评为 20 世纪最具影响力的 100 个人物。这里，还有一个比较浪漫的传说。据传，乔布斯设计的苹果公司 Logo——苹果被咬了一口的样子，就是为了纪念图灵。但实际上苹果公司官方从来没有证实过此事。后来，有记者采访苹果公司参与设计的一位当事人，对方说，乔布斯主要觉得苹果如果没有被咬一口，看起来很像樱桃，而咬了一口，一眼就能看出是苹果。仅此而已。

不过，这也不妨碍我们对图灵充满敬意。《时代》杂志曾经说过一段话，我也深以为然："事实上，每个敲击键盘、打开电子表格或文字处理程序的人，都在使用图灵机。"

第 3 章

要有熵，于是就有了熵——香农

一旦机器打败了我们的大师，写出了我们的诗歌，完成了我们的数学证明，管理了我们的财产，我们就要做好“灭绝”的准备……这些目标的实现可能意味着这个世界要逐步淘汰愚蠢的、熵增加的、好战的人类，转而支持更合乎逻辑的、节约能源的、友善的物种，即计算机。

——克劳德 · 艾尔伍德 · 香农

（Claude Elwood Shannon）

我们把目光移回到二战期间，回到图灵在贝尔实验室认识的好朋友克劳德·艾尔伍德·香农身上。

香农于 1916 年出生，跟图灵差不多是同龄人，只比他小了 4 岁。香农的父亲是商人，母亲是教师，家庭环境相对优渥。香农从小成绩最好的是科学和数学，也很喜欢动手操作，他还在家里建造了飞机模型、无线电遥控模型船和带刺铁丝网的电报系统等。他童年的偶像是发明家爱迪生。后来香农还发现，爱迪生居然是自己的“远房”表亲，往上数 300 年，应该是一家人。

香农的学习成绩很好，1932 年考上了密歇根大学，4 年后拿到了电气工程和数学双学位。1936 年，他到麻省理工学院攻读电气工程学硕士，写下了一篇硕士论文《对继电器和开关电路中的符号分析》。这篇论文发表于 1938 年，是一篇很伟大的论文。香农在论文中，将开关、继电器、二进制、布尔代数联系了起来，这些逻辑构成了现代计算机的基础。关于图灵机想要实现的数学逻辑怎样转化为电信号，想象中的流水线怎样真正落地到机器中去，这篇论文给出了实操方法。

这篇论文还拿了诺布尔奖。这个奖是为了纪念美国土木工程师协会前任主席阿尔弗雷德·诺布尔（Alfred Noble），并不是世界著名的那位瑞典化学家阿尔弗雷德·贝恩哈德·诺贝尔（Alfred Bernhard Nobel）。这两位大科学家的名字因两个字母顺序之差，经常被搞混。香农得奖后，很多小报也是听风就是雨，谣传很广。

哈佛大学的教授霍华德·加德纳（Howard Gardner）评论说："这可能是本世纪最重要、最著名的硕士学位论文。"当然，这只是香农作为祖师，第一次为计算机领域做出的贡献。

香农继续在麻省理工学院深造，博士毕业后，在普林斯顿高等研究院工作。前文提到过，此处群星璀璨，坐拥爱因斯坦、哥德尔、冯·诺伊曼、费曼等多位大科学家。

香农在普林斯顿高等研究院工作时还有件趣事。一次，香农在给一些数学家上课，教室的后门突然被打开，爱因斯坦走了进来。爱因斯坦站着听了几分钟课，然后跟后排的一个人耳语一番，匆匆离开了教室。课程结束后，香农连忙到教室后排，找到跟爱因斯坦耳语的人，问他刚刚说了什么，是对课程有什么评价吗？那个人回答说：“爱因斯坦只是问洗手间怎么走。”

在普林斯顿高等研究院的工作，香农干得并不是很开心。这里由于大师爱因斯坦、费曼的存在，更多是物理学的胜地，而他是个数学家。此时，芝麻掉到针眼里——巧了，二战爆发后，香农借机加入了贝尔实验室，研究控制系统和密码学。在工作中，他结识了艾伦·图灵，知道了图灵机，因此对计算机有了更深入的了解。1950 年，香农到曼彻斯特大学拜访了图灵，看到了他做的国际象棋程序。他们进行了一次很愉快的交流。4 年之后，图灵就去世了。

贝尔实验室美国总部

他工作中的另一个收获，是在研究密码的过程中，发现了数学与信息通信的奇妙关联，很多信息的逻辑是符合数学原理的，而且很多事物都可以抽象成底层逻辑一致的信息传递过程。比如，DNA 中的信息怎么传递给蛋白质；盟军某次的战斗计划怎么传递出去；电话信号中的信息怎么传递；血液中的信息怎么传递；等等。这与图灵把各种可计算的问题，全部抽象成了图灵机的原理，是同样的思考角度。

于是，又一篇重要的论文《一种通信的数学理论》（*A Mathematical Theory of Communication*）应运而生。在这篇论文中，香农提出了“信息熵”（Information Entropy）的概念。熵原本是热力学中的概念，指的是混乱程度。比如，宇宙就是不断熵增的，宇宙万物会变得越来越无序。在刘慈欣的大作《三体》中，外星人把各种文明的生物包括地球人，都称为低熵体，因为这些文明生物都在让物理世界变得越来越有序，因此是熵减的。物理学家路德维希·玻尔兹曼据此提出了熵的公式，完善了热力学第二定律。

香农发现，熵的逻辑完全可以复用到信息中，只把玻尔兹曼的熵公式加了一个负号，就成了信息熵的公式：

$$H(x)=-\sum_{i=1}^{n}P(x_i)log_2 P(x_i)$$

信息熵的公式讲的是这样一个逻辑：如果我们抛一枚硬币，正面朝上和反面朝上的概率都是50%，那抛硬币的结果，即信息量就是1bit。bit（位，也称比特）也是香农提出的概念，是信息的量化单位。如果正面朝上和反面朝上的概率一样，那么抛硬币的结果，有信息量吗？实际上是没有的，因为在抛出之前我们就知道结果了，即使我们看到结果了，传递的信息也是无效的，这时被量化的信息量就是0bit。

需要再次提醒，信息的容量和信息的量是两个概念。比如，对于第二个情况，我们记录了100次抛硬币的结果，信息的容量也许是100bit，可是由于我们预先知道了硬币正反面朝上的概率都是50%，所以这些容量为100bit的信息，产生的信息量依然是0bit。

再举个例子，如果我们想要传递一篇英文文章，每个字符所产生的信息量是多大呢？不考虑大小写和标点符号的话，是26个英文字母加空格。也就是说，每个字符的可能性有 27 种，那每个字符提供给我们的信息量，根据香农的公式，算出来是 4.75bit。而在真实世界中，我们还要加入大小写和标点符号，于是每个字符的可能性就变多了，每个字符的真实信息量会按照 8bit 计算，而一个字符代表的信息量就被称为一个字节（Byte），1 个字节就等于 8 个比特。这就是我们所熟知的“字节”这一概念的由来了。

这样一来，我们就可以把信息用数学方式给量化了。香农对信息量也有一个定义：消除信息的不确定性。香农把信息确定性的量化单位称为信息熵，这与物理学意义上的熵有同样的含义：越随机的、越不确定的信息，熵越大。比如，中文字符跟英文字符比，中文字符的信息熵就大得多。我们可以用一个方式来判别，当我们猜下一个字符是什么时，显然中文字符比英文字符更难猜到，说明当中文字符出现时，它提供了更多的信息量。

香农在量化信息的基础上又提出了一个定理，为信息编码打下了基础，即证明了编码的极限值。这里的编码指的是广义上的编码，我们日常使用的信息实际上都是编码，文字是编码，阿拉伯数字也是编码。

编码既是一项技术活，也是信息压缩最重要的基础。设想一下，如果信息全都用平均的方法编码，其容量就会非常大。因此，我们可以用一些巧妙的手段来做压缩。比如，很少出现的内容，我们可以让它长一些；而那些经常出现的，我们就可以让它短一些。这样能大大压缩空间。

最典型的就是摩斯密码，它对英文字符进行了编码。在摩斯密码里，E 和 T 是最常见的字符，都很短；Z 和 V 是相对少见的字符，就比较长。在之后的各种内容编码中，都沿用了这样的设计。举个例子，有的视频，上一帧和下一帧的画面很接近，如动画片，在一段时间内，很多只是主体在动，背景不变。这样的信息就有重复性，因此，视频压缩后就只需存储不同画面中有差异的部分。到了今天，我们现在能看到的所有电子信息，几乎都是经过压缩的，都是在香农的信息编码基础上运作的。

于是在这篇论文之后，信息可以被量化了，信息也成了一门学科。比特（bit）成为信息时代所有电子信息的基础，人类也第一次知道如何去量化信息。我们日常所有的电子信号传输的内容，从宽带到移动网络，从手机和计算机的存储，再到图像视频的传输，都是以比特和字节为基础单位的。

正如图灵用图灵测试给人工智能领域提供了一个终极目标，香农也给信息通信行业提供了终极目标。在此之前，对于信息是否能无限制地传递，只是一个模糊的概念。香农从理论上证明了信息容量、信息功率和噪声之间的关系，也就是香农公式。而对于某个信道的宽度，其传输信息的速度是有上限的，这个上限叫作香农极限。举个例子，一个车道能通行的车流量是有限的，通道的宽度，指的是宽带频率，单位是Hz。原则上，只要够宽，就可以尽量降低噪声，让速度特别快；但是如果不够宽，噪声降得再低也没有用。

根据这个逻辑推理，理论上是存在这样一种传输方式的，它可以几乎无损地高速传输信息。这在当年来看像科幻小说一样，但在今天几乎已经实现了。极化码是华为一直在推进的通信传输标准，后来被运用到了最新的通信协议里，即5G。5G目前的传输标准，几乎达到了香农极限。

信息编码是个有意思的事情，好的编码方式在我们日常生活中有大量的应用。最常见的就是二维码，它采用的是冗余编码技术，大家可以尝试遮住某个二维码的无论哪个部分，都能把它扫出来。

1949 年，香农拓展了这篇论文，写成了一本书。他把论文名从《一种通信的数学理论》（*A Mathematical Theory of Communication*）改成了书名《通信的数学理论》（*The Mathematical Theory of Communication*），这一改变代表着信息论由此诞生，也代表着信息时代由此开启了革命。

在科学界，有一个流传甚广的说法："信息论的建立对信息科学的意义，如同文字的发明对文学的意义一样。"《科学美国人》在数十年后，把香农 1948 年的论文称作"信息时代的大宪章"。如果信息时代有上帝的话，那就是香农。香农说，要有熵，于是就有了熵。

这部信息时代的"大宪章"，据说香农在贝尔实验室工作的时候就准备好了基本内容，可是多年后才发表。有人问他为什么，他就回复了一个字：懒。

1956 年，香农从贝尔实验室辞职，到了麻省理工学院任职。当时行业内的预期是，香农已经开创了信息这门学科，如今他也正值壮年，按照常理，接下来，信息时代的“旗手”非他莫属了。

但奇怪的是，香农到了麻省理工学院后，很少参加各种研究活动。后来，他也不怎么出现在学校了，课堂上都是他带的学生在上课。很多人都以为他在休息，或者猜测他是不是生了重病。

实际情况是，都没有。香农还在辛勤工作，只不过，他的志趣发生了转移，如今正在研究的是他内心真正想做的事：玩。

香农在贝尔实验室工作时，就以桀骜不驯著称。他会在过道里骑独轮车、在园区里玩弹簧单高跷。他太喜欢玩这些东西了。香农的妻子曾经送给他一些积木作为礼物，他天天在家通宵玩。

香农还自己制造了一只机械乌龟，满屋里瞎跑，碰到墙壁还能自己拐弯。后来他还改造了这只乌龟，造出了一只机器老鼠——忒修斯。他业余时间制作的这个作品，被贝尔实验室看中，当作秀技术的手段，找公关团队将其包装成了广告片，夸大宣传，声称香农发明了人工智能机器老鼠，可以自己跑迷宫。跑迷宫是真的，不过这只老鼠跟我们今天所说的人工智能没什么关系。他采用机械原理在迷宫里放满了继电器，老鼠会根据继电器的情况调整路线，而这些都是提前设计好的。

香农制造的机器老鼠“忒修斯”

在贝尔实验室工作的后期，香农实在不想给“大厂”打工了，想去高校。因为高校没有那么多严苛的制度，更加自由，他也有更多自己的时间。于是，他来到了麻省理工学院，到了那儿，香农完全放开了玩。他发明了各种各样的玩意，比如既能吹奏音乐又能喷射火花的小号。再比如一种升降椅，可以将客人直接从家里的走廊送到湖边。他酷爱独轮车，发明了各种经过改装的独轮车，如没有座位的独轮车、没有踏板的独轮车、可以两个人一起骑的独轮车等。不仅如此，他还发明了各式各样的手工机器人。香农喜欢与“杂耍”（Juggling）相关的各种运动，比如三球抛接，他自己也是老手了。他曾经说过，他之所以喜欢杂耍，是因为它有着独特的物理运动，充满魅力。

1960 年，香农跟一个朋友——一位年轻的教授，两个人花 1500 美元买了一台轮盘赌盘，钻研之后，发明了一个非常精细化的装置，可以预测轮盘赌球停止的位置。这个装置跟烟盒差不多，放在鞋子里，赌球机开始的时候，用脚偷偷打开开关，赌球就会通过线路传递声音，传递到贴在头发里的隐形耳机中，人就能听到有节奏的音阶声，由此可以判断球的位置。两个人异常兴奋，还打算去赌场大赚一笔，后来两人的妻子劝说他们，你们的设备没什么问题，但要是被黑手党抓住的话，打得过打不过就是个大问题了。

这个有趣的发明，在日后突然多了一个特别的名号：世界上第一台可穿戴计算机。因此，香农被认为是可穿戴计算设备之父。这也算是一桩奇事了。

香农曾经得过很多奖，比如他是稻盛和夫创办的京都奖的第一届得主。还有，电气与电子工程师协会

（IEEE）于1972年设立的香农奖，与图灵奖一样，也是计算机领域的诺贝尔奖，香农是香农奖的第一届得主。然而，得到很多学术界的顶级奖项后，香农唯一愿意在家里摆出来向客人炫耀的竟是“杂耍博士奖”。这个奖是香农在斯坦福大学做访问学者时，半开玩笑时得到的非正式奖项。

1985年，香农突然出现在英国举办的国际信息理论研讨会上。与会者都震惊不已，没想到香农老爷子居然还这么精神矍铄？信息论从提出到那时已快40年了，很多信息学领域的学者，都以为他不在人世了。这次研讨会的主席后来回忆说：“那情形……简直就像牛顿他老人家忽然出现在现代物理学会议上。”

香农的精神状态很不错，站在讲台上跟大家说了几句话之后，从口袋里掏出了一些东西——三个手抛杂耍球，开始给观众表演。

20世纪80年代后期，香农患上了阿尔茨海默病，深居简出，2001年去世。他个人一直都很低调，不爱抛头露面，在大众的认知中，他的知名度不如爱因斯坦、图灵等大科学家，可能也不如冯·诺伊曼，但他的历史地位和贡献，是可以与那些大师们齐名的。

香农不在意这些虚名，他曾经说过："我总是想单纯地追寻我的兴趣，而不考虑经济价值或者对世界的贡献。我在毫无用途的事情上花费了很多时间。"

对于人工智能的看法，他始终保持乐观。他曾经说过："一旦机器打败了我们的大师，写出了我们的诗歌，完成了我们的数学证明，管理了我们的财产，我们就要做好'灭绝'的准备……这些目标的实现可能意味着这个世界要逐步淘汰愚蠢的、熵增加的、好战的人类，转而支持更合乎逻辑的、节约能源的、友善的物种，即计算机。"

第 4 章

人工智能夏季研讨会

我们需要为这个新领域取一个名字，以体现其创造智能机器的本质。

——约翰·麦卡锡（John McCarthy）

图灵与香农分别奠定了计算机和信息论的基础，这也构成了未来整个信息时代、互联网时代的前提。计算机与人工智能领域此后逐步发展，塑造了今天的世界。

图灵对人工智能的影响，主要是图灵测试和一些对人工智能的理论猜想。而香农对人工智能的影响，则更加直接和有力。

1948 年，香农创立信息论时，他还在贝尔实验室工作，彼时他麾下有两个实习生。一个是马文·明斯基（Marvin Minsky），他在哈佛大学读本科，后来去普林斯顿大学数学系读博士。他的博士论文标题是《神经模拟强化系统的理论及其在大脑模型问题上的应用》，他认为生物学和数学，也跟智能有关。另一个是明斯基的师兄，叫约翰·麦卡锡（John McCarthy），也是普林斯顿大学数学系博士。

明斯基和麦卡锡与香农沟通，说想要好好研究“机器模拟人的大脑”这样的主题，能不能借香农的名义攒个局，组织一次文集投稿，把好的学者和内容凑在一块。香农为人格外低调，他说不要起什么花哨的名字，也不要叫“机器模拟人的大脑”之类的说法，就叫“自动机研究”（Automata Studies）吧。结果正因为这个名字，导致投递的稿件五花八门，质量也参差不齐，攒了三年才出版，那本文集在学术圈也不是特别有影响力。

明斯基和麦卡锡并没有放弃。1955 年，麦卡锡已经是达特茅斯学院数学系的助理教授，同时还在 IBM 公司做兼职。芝麻掉到针眼里——巧了，他的老板是纳撒尼尔·罗切斯特，是计算机历史上大名鼎鼎的工程师，主持设计了世界第一台通用商用计算机 IBM 701。麦卡锡跟罗切斯特聊起这个事来，罗切斯特说好啊，一起攒个局，我来支持。这回主题要明确，别叫“自动机研究”了。几个人一商量，定下了 7 个围绕“机器模拟人的大脑”的前沿话题：

- 可编程计算机
- 自然语言编程
- 神经网络
- 计算复杂性问题
- 机器的自我学习和改进
- 计算机理解抽象概念
- 计算机的随机性和创造性

所涉及的领域涵盖了计算机、通信、数学、心理学等。他们准备用两个月的时间讨论，看能不能有一定的结论，以解决机器变得智能的问题。

麦卡锡还特地给这次会议起了个名称，吸取上次的教训，他把这次会议的主题叫作人工智能夏季研讨会（Summer Research Project on Artificial Intelligence），其中的“人工智能”（Artificial Intelligence）是个新造的词，为的就是跟过去的很多概念区分开，代表着这次是新的、不一样的。至此，“人工智能”的概念第一次出现。

麦卡锡设法拿到了洛克菲勒基金会的赞助，并且找到香农，让其担任会议的发起人之一。有了大师做背书，就不用担心这次会议在学术圈的影响力不够了。

会议是举办了，可是谈不上顺利。整场会议的组织很混乱，原定计划是两个月，实际上集中讨论的时间也就一周，大多数人是中途来参与的，并且很快就走了，跟吃流水席一样。会议虽说主题明确，实际上也没有太多有价值的议题，议程设置也不理想。很多人分享的内容也都遗失了，无迹可寻。

对于这次研讨会，麦卡锡自己是这么说的：“我为这次会议设定的目标完全不切实际，本以为经过一个夏天的讨论就能搞定整个项目。我之前从未参与过这种模式的会议，只是略有耳闻。实际上，它和那种军事夏令营没什么区别。”

会议原址：达特茅斯楼

而这次不太顺利的学术会议，却成了后世人工智能学者、从业者们心向往之的梦的起点。把大部分流程走下来的几位主要的年轻学者，后来都被认为是人工智能领域的先驱。他们相当于人工智能领域的“开山祖师”，其中一半都拿到了图灵奖。他们在会议上提出和分享的内容，成为人工智能领域的奠基课题。

明斯基，当时是哈佛大学的研究员，在会议上他拿出了自己研发的一台神经网络计算机。这台计算机今天看来结构十分粗糙，有3000多个真空管，但成功模拟了40个神经元。1969年，明斯基获得了图灵奖。

麦卡锡当时是达特茅斯学院的助理教授。在会议上，他提出了阿尔法-贝塔（α-β）剪枝算法，这是一种很高效的计算机算法。1997年，IBM的国际象棋程序——深蓝，主体就采用了这套算法。麦卡锡还发明了早期计算机语言LISP。1971年，麦卡锡获得了图灵奖。

赫伯特·亚历山大·西蒙（Herbert Alexander Simon），当时是卡内基梅隆大学工业管理系主任。他可谓是世间奇才，获得了九所学校的博士学位，不是荣誉博士，都是按严格标准拿到的学位。自26岁起，他便在伊利诺伊理工大学教授政治学，同时还教授宪法学、合同法、统计学、运筹学、城市规划学、劳动经济学和美国历史。31岁时，西蒙写了一本《管理行为》，轰动商业圈和学术圈，成为20世纪最重要的管理学著作之一。33 岁时，西蒙入职卡内基梅隆大学工业管理系，同时教授政治学、经济学、管理学、金融学、心理学、公共行政学和计算机学。彼时，卡内基梅隆大学在全美排第 100 名。30 年后，他参与教学的多个学科都成了全美的顶尖学科。53 岁时，他由于对认知心理学的开创性成就，获得了美国心理学会的杰出贡献奖。59 岁时，由于在人工智能领域的贡献，获得了图灵奖。62 岁时，由于提出经济组织内的决策理论，获得了诺贝尔经济学奖。除此之外，还拿过美国国家科学奖、冯·诺伊曼奖等科学学术奖项。自 1968 年开始，成为美国约翰逊总统的顾问，1972 年跟随尼克松访华，是代表团专家成员。一生写过上千篇论文，是人工智能和认知心理学领域论文被引用最多的人。西蒙熟悉七门语言，中文说得也很流利。他曾在北京大学教过书，还给自己起了中文名，叫司马贺，颇有武林宗师的气质。他的人生故事，也许是科学家中最精彩的了。

艾伦·纽厄尔（Allen Newell），是司马贺（西蒙）的学生，他的博士学位就是在司马贺的指导下取得的。纽厄尔与司马贺亦师亦友，是长期的合作伙伴。他们在此次会议上拿出了自己的干货：编写了一套人工智能程序，能自动证明罗素数学原理中的38条，可谓进一步证实了图灵机的设想。

1975年，司马贺与纽厄尔共同获得了图灵奖。

以上四位大师长期在人工智能领域耕耘，被认为是人工智能的创始人，有着不可撼动的地位。

另外一些与会者，也都在人工智能领域各个方面成为大师。

奥利弗·塞弗里奇，当时是麻省理工学院的硕士，后来成为模式识别学科的奠基人。

阿瑟·塞缪尔，当时在IBM工作，是世界上最早的程序员之一。他开发的跳棋程序，是世界上第一个可以自我学习的程序。塞缪尔把这种能够自我学习的方法，称为“机器学习”（Machine Learning），这个概念沿用至今。塞缪尔热爱编程，到了88岁还在写代码。他在老年时期投入了很多时间在知名的Tex排版系统上。

雷·所罗门诺夫，一位年轻学者，在会议上发表了名为《归纳推理机器》的论文，后来成为算法信息论的创始人，这是人工智能领域的重要分支课题。算法信息论，正是图灵的图灵机理论和香农的信息论的重要结合。

这些后来的大师、当时的年轻学者们，在两个月的时间里，发现了原本要解决的问题，并衍生出了更多问题。每个看似是子课题的问题，又出现了更多的分支，在人工智能这个还是空白的土地上，开始枝繁叶茂、茁壮成长，最后绿荫如盖、古木参天。离开达特茅斯学院后，这些学者们各自探索自己的道路，各自走向星辰大海。

简而言之，聚在一起没干啥大事，散开后却群星闪耀。

人工智能的发展，是一个漫长且充满曲折的过程。我们可以想象，培养一个“机器小孩”长大成人，让他从什么都不懂、什么都不会，变成一个成熟的能独立完成各种任务的人，这个过程是多么的复杂。

图灵说，别管怎么教，最后有个“面试”，他一定得通过。这就是图灵测试。

这是当时拍摄的一张会议照片，照片中的与会者年轻有活力，而年轻的人工智能就在这片草地上诞生了（右一是香农）

在达特茅斯会议（人工智能夏季研讨会）之前，大家希望能在两个月内讨论清楚，该怎么教这个“小孩”。结果发现，要做的事情太多了，不是短期内就能讨论清楚的。于是，人工智能就拆分出了多个子课题。比如，这个“小孩”得能听得懂人话，这就是语音输入、自然语言处理的课题；比如，得能说得出人话，这就是语音合成的课题；比如，得能看得到东西，这就是计算机视觉的课题；比如，看见之后还能看懂，这就是模式识别的课题；比如，不能死记硬背，还要知道怎么举一反三，这就是机器学习的课题。大量的子课题就这么应运而生。

要学的科目都有了，教学的老师（科学家们）对于怎么教，也产生了分歧。就像我们目前的教育，如何教一个孩子成才，有的认为要应试教育，有的认为要素质教育，有的更注重理论，有的更注重实践。在人工智能发展的早期，分化出了三个学派，采用的就是不一样的教机器的思路。

第一个学派叫符号主义学派（简称符号派）。他们的主要观点是：要制定规则，注重逻辑，把所有知识抽象成符号。机器要学会所有知识背后的公式和原理。只要所有问题都变成数学问题，那所有的处理方法就都成了计算问题，就可以做成图灵机了。因此，这一学派研究的主要课题是认知科学，就是人是怎么认知世界的。一旦搞清楚人是怎么认知世界的，就能将这一过程中的元素抽象成符号进行计算了。这一派在早期是只手遮天的第一大派，我们方才提到的人工智能创始人，如明斯基、麦卡锡、司马贺、纽厄尔，全部都是符号派的。

第二个学派叫连接主义学派（简称连接派）。他们的主要观点是：计算机得模拟人的大脑。这一学派关注的是生物科学、神经科学和心理学的课题，想要复现神经系统。了解人类小孩的大脑是怎么组成的，让机器也这么去组成，岂不是很合理？机器有了神经元，有了大脑，其他问题就迎刃而解了。连接派与符号派的冲突不断，还一直被符号派打压，甚至差点彻底消亡。直到很多年后，才慢慢抬起了头。

第三个学派叫行为主义学派（简称行为派）。他们的主要观点是：别管知识的逻辑机制，也别管大脑是怎么组成的，我们就从实践出发，看人类小孩是怎么学习的。我们在教育人类小孩时不是跟他讲逻辑，而是做对了就给糖吃，做错了就批评。这一学派关注的是行为本身。他们更想让机器自己迭代，每次迭代一点，把错的丢弃，把对的保留。这种思路听起来很像进化论，因此这一学派也被称为“进化主义学派”。

这三个学派，各有各的理，也各有各的厉害之处。这三个学派之后的发展，相当于达特茅斯会议结束之后，三所学校拔地而起，各自去教机器这个“小孩”了，看谁教得好、教得成功。

他们会在合作中不断竞争，在冲突中不断融合，未来也会桃李满天下。他们成了人工智能领域的三根“柱子”。

第 5 章

天下之物，莫不有理——符号派

任何能给我们带来新知识的东西，都会让我们有机会变得更加理性。

——司马贺 / 赫伯特・亚历山大・西蒙

（Herbert A. Simon）

请各位把视线转到战火纷飞的1943年，中国云南省，西南联大。这是中国近代史上的一个奇迹，这所学校只存在8年多，是清华、北大和南开三所高校临时组成的战时后方大学。在这8年多时间里，诞生了2位诺贝尔奖获得者、4位国家最高科学技术奖获得者、8位两弹一星功勋奖章得主、170多位院士和上百位人文学科的大师。这所学校奠定了现代中国多数学科的基础。

在这些人中，有祖籍德州、出生在济南的王浩。王浩喜欢数学，于是就报考了数学系，考进了西南联大这个全国最聪明的年轻人云集的地方，考了专业第一。同宿舍的是学习物理专业的，名叫杨振宁；隔壁宿舍也有个常混在一起的好朋友，名叫汪曾祺。

西南联大旧址

王浩高等代数课的老师是杨武之，芝麻掉到针眼里——巧了，这位杨老师是舍友杨振宁的爸爸。杨武之太喜欢王浩了，说你学数学吧，以后有前途。王浩不信，说连你儿子都不学，你为什么说数学好？我也不学。王浩的兴趣在于逻辑学和哲学，1946 年，王浩在清华大学读硕士的时候，被哲学系和数学系共同推荐，到了哈佛大学哲学系学习。

他在哈佛大学哲学系的导师，是大名鼎鼎的蒯因（W. V. Quine）。蒯因是在罗素、维特根斯坦和卡尔纳普之后最重要的哲学家。蒯因的哲学贡献暂且不说，就说他在哈佛大学，那也是著名的教授，是当时哈佛大学所有教职工中薪水最高的。王浩于 1948 年博士毕业，也就是说，他才读了 2 年就毕业了，同时还得到了 Junior Fellow（初级研究员）的职位，相当于高级博士后。哈佛大学当年只有 4 个名额，王浩是历史上第一个得到这个职位的中国人，而且迄今为止，哈佛大学哲学专业历史上也就只给过 20 多人 Junior Fellow 这个职位。王浩后来到了牛津大学，还曾在贝尔实验室工作过，后回到哈佛大学，又辗转到了洛克菲勒大学，在这里他成立了 Wang Lab。那时，全世界逻辑学的学者云集于此，成为圣地，乃至他的老师蒯因也想去。可惜，后来由于多方面的原因，这个实验室逐渐没落。

王浩后来成为广为人知的华人科学家，虽然没有杨振宁出名，但也为很多中国科学家起到了榜样作用，很多人从他身上看到了中国人也有成为全世界顶级学者的机会。

为什么要讲述王浩的生平呢？因为王浩跟人工智能有一个有趣的交集。前文说过，1956 年的达特茅斯会议上，司马贺和他的学生纽厄尔，用机器自动证明了罗素的数学原理中的 38 条，这验证了机器在严谨的规则之下，是能解决数学问题的。

1958 年，王浩使用了一台当时的主流计算机 IBM 704，用 9 分钟证明了一阶逻辑 150 条定理中的 120 条。第二年，他已经能证明所有 150 条一阶逻辑定理和 200 条命题逻辑定理。

这件事在历史上很有意义，不仅引起了很多人工智能领域学者的关注，还启发了他的博士生史蒂芬·库克（Stephen Cook）。库克在 1971 年发表了论文《定理证明的复杂性》，从机器证明定理出发，论证了计算的复杂性问题。这是计算机和人工智能的基础课题之一。库克成功提出了计算机复杂性理论，创造了 NP 和 P 的概念，P 是在多项式时间内解决的问题，NP 是在多项式时间内可以验证它的解是否正确的问题。多项式时间可以简单理解为“比较快的时间”，可以这么说，一旦证明了 NP=P，那么所有可以迅速验证解是否正确的问题，就都能迅速解决。迄今为止，NP=P 依然是世界七大数学难题之一，也是千禧年大奖难题之一。如果有人有幸证明，请务必记得到克雷数学研究所申请 100 万美元的奖金。

王浩和他的学生对人工智能产生了不小的影响，但王浩内心并不喜欢人工智能。王浩不待见司马贺和纽厄尔，认为他们的数学和逻辑学的水平一般，评价他们“杀鸡焉用宰牛刀，甚至用了牛刀，都没把鸡杀好”。王浩毕竟是大师，他的这种批评，让逻辑学的圈子跟人工智能的圈子自动隔离了。人工智能本就是新兴学科，实际上也遭受了长时间的打压。逻辑学圈子的一些学者，看到司马贺、纽厄尔说自己的程序是“启发式程序”，就在论文里故意把他们的程序写成“非启发式程序”，嘲讽他们。

所以，对于人工智能的“路线斗争”，并不仅限于这三个学派，在学派内部、外部也有大量的“路线斗争”。那时的人工智能，与计算机科学、生物学、逻辑学、数学、哲学、心理学等，常常是交叉在一块讨论的，大家意见不同、想法各异。

司马贺和纽厄尔与逻辑学的学者们有龃龉是难免的，因为他们也花费了大量的时间研究逻辑学和数学，这正是人工智能符号派的基础。

符号派是与“莱布尼茨之梦”一脉相承的学派，从历史的路径和走向就能看到一条清晰的脉络。莱布尼茨之后的巴贝奇的差分机，也试图用机器模拟符号的逻辑计算。

差分机之后，还有很多学者在机器计算逻辑方面进行了新的探索。1847 年，乔治·布尔（George Boole）成功用代数方法表述逻辑过程，也就是布尔代数（Boolean Algebra），即以简洁的交集、并集、补集的集合运算和与、或、非的逻辑运算，完成严谨的数理逻辑计算。这是计算机能够被发明出来的基础。后来信息学之父克劳德·香农在硕士论文中提出了用继电器和电路实现布尔代数，再次让计算机完成了逻辑运算，往前迈了一大步。

20世纪初，数学家、哲学家、逻辑学家，曾得到过诺贝尔文学奖的伯特兰·罗素（Bertrand Russel），写出了《数学原理》。他的初衷是，所有的数学原理，能否都用数学方法和逻辑方法来证明。也就是在最质朴的基础原理之上，产生所有的数学原理。如果这个想法被证实了，那就说明我们不是靠灵感提出原理的，而是逐步推演出来的。

数学哲学存在三大学派：逻辑主义学派、形式主义学派、直觉主义学派。罗素大致算是逻辑主义学派的；而形式主义学派研究的一个重点就是符号化。后来，人工智能的符号派，实际上算是融合了这两种学派。

说到这就容易理解了，虽说计算机刚刚起步，但逻辑学和数学的理论也都有了很多年的发展，学术界也有很多现成的理论。做人工智能，首先从逻辑主义和形式主义出发，是很自然的事。

话说回来，司马贺、纽厄尔并非以逻辑学的方式讨论数学定理的证明，他们很多的研究工作还是围绕心理学和决策理论展开的，这在很多逻辑学家看来，属于异端。司马贺、纽厄尔 1956 年把他们用机器证明数学定理的论文投稿给《符号逻辑》杂志，被退稿了。理由居然是，这些数学逻辑已经都被人证明过了，让机器重新证明一遍，没有任何意义。

而王浩在 1983 年被授予定理证明里程碑奖，成了行业内公认的定理证明开山鼻祖。司马贺在回忆录中写到此处时，表示很愤怒：明明我们在 1956 年早就做过了，凭什么王浩后来居上。

如果说司马贺、纽厄尔跟逻辑学家们有门户之见的话，那同为人工智能创始人的麦卡锡，是不是很支持他们呢？也并不是。

他们之间存在一个很现实的问题：话语权之争。早期对人工智能的关注就那么点儿，到底谁能代表大家说话呢？麦卡锡在达特茅斯会议结束以后，四处演讲，汇报总结，名气越来越大，司马贺和纽厄尔一看这情形就不高兴了，明明只有我们有拿得出手的成果（机器证明定理），凭什么你到处去抛头露面？最后，一番讨论后，麦卡锡让步了，让司马贺和纽厄尔在他演讲之后，也登台演讲。对此，麦卡锡仍心有芥蒂：明明是我千辛万苦组织的达特茅斯会议，如今名气却被司马贺和纽厄尔抢走了。

当然，作为科学家，为了影响力大小而产生矛盾还不是主要原因，更重要的是，他们因学术路线的差异，产生了更多冲突和争论。

麦卡锡在1958年发表了一篇名为《常识编程》的论文。论文中他提出了一种如何将计算机所处理问题的范围从特定的专业领域推广至常识、生活等一般性问题的设想。在论文中，他设计了一个名为“建议接受者”（Advice Taker）的系统，是一款以形式语言为输入和输出的计算机程序。在这个程序里，所有现实世界发生的事，都能用形式语言表达。

比如，你准备读一本书，那么整个过程可以表述为：作为读者的你，阅读之前，可能要先找一个舒适的位置，坐下、躺下、趴着或者蹲着，然后翻开书本，找到上次阅读的位置，一行一行读下去。遇到好玩的地方，可能会掏出手机，拍下这段有意思的话，分享给志同道合的朋友，等等。这些行为的表述，如果都抽象为不同的形式表述，比如动作就有坐、躺、趴、蹲、翻、找、读、掏、拍等，对象就有书、手机、朋友等，将这些内容进行组合，就可以用流程图的方式表述，还能不断调整和变换为其他行为、其他事件，乃至描述世间的一切。

但是，大家想必也能猜到，这个理论模型实在太复杂了、内容太多了，仅仅关于读书的表述就如此复杂，更不用说世间万物的各种现象的表述了，根本没有条件实现。

1960 年，麦卡锡又发表了一篇论文《递归函数的符号表达式以及由机器运算的方式（第一部分）》，提出了七个简单的运算符号以及用于函数的记号，来实现一个完备的图灵机语言。这与前文我们讲过的行为艺术计算机语言 Brainfuck 差不多。不过，这次不是行为艺术了，他给自己的计算机语言起了个名字，叫 LISP，麦卡锡的学生史蒂夫·罗素（Steve Russell）成功地在计算机 IBM 704 上开发了 LISP 语言，成为历史上第二老的计算机语言（第一老的是 Fortran），在当年深受欢迎。这门语言如今仍健在，仍是人工智能领域会用到的开发语言。在这一年，离经典的计算机语言——C 语言的出现，还有 10 年左右的时间，麦卡锡在计算机语言领域，也处于奠基人的位置。

约翰·麦卡锡

司马贺和纽厄尔也沿着自己的学术思路，为1950—1970年的符号派添砖加瓦，他们的贡献说起来可能比麦卡锡还要大。1957年，他们发明了一款机器，叫GPS。这个GPS，不是Global Positioning System（全球定位系统），而是General Problem Solver（通用问题解决器），听起来很霸道。GPS的确使用了一些新的逻辑，试图用拆解问题的方式，将大问题拆成小问题，又将小问题拆成米粒大小的问题，然后逐一进行解决，属于认知心理学中的理论，是司马贺很熟悉的。可惜，这个路线走得并不顺利，花了十几年时间，也没能证明它可以解决通用的问题，只能算是一次有意义的尝试。

司马贺和纽厄尔在人工智能方面的努力，跟麦卡锡类似，并不是徒劳的。功不唐捐，他们在探索过程中的发现，成了后代人工智能学者们所仰赖的基础。1975 年，司马贺和纽厄尔获得了图灵奖，这是图灵奖第一次颁发给两个人。他们在获奖演讲时，用的标题是《符号和查询》，这两个正是他们总结出来的核心理念，分别是“物理符号”和“启发式搜索”，这是他们在 20 世纪 60 年代一直耕耘的理论。此后“符号”的概念深入人心，以至于他们开创的人工智能派别，此后就被称为符号派。

物理符号系统，延续了符号逻辑学的原理，考虑的还是把数学定理与实体世界相关联，这与麦卡锡的 Advice Taker 一脉相承。司马贺和纽厄尔提到了模式识别的逻辑，比如我们看到苹果，内心就会意识到它是甜的；看到黄连，就会意识到它是苦的。这就是符号的映射，即原则上，计算机也能对这些符号产生理解。这就相当于把现实世界发生的事情抽象成了“模式”，因此实现难度也有所下降。

启发式搜索，主要是为了降低成本。因为用“暴力”去解决问题，成本太高了。“暴力”是计算机和人工智能领域的专有名词，指的是以枚举的方法去完成，即闷头硬算。而我们日常解决问题并不是这样的。比如，我们开车从北京朝阳区的望京，去北京海淀区的五道口，假设没有地图软件，具体的路线可能不清楚，但我们大概知道出门要往西走。往西的路线里，大概也知道走高速路更快点儿，那就找入口上高速路，这是正常的人类思考方式。而不是每一条路、每一个地方都开车去试试，直到“碰巧”到了五道口，这就是暴力的方法。启发式搜索正是模仿了人类的正常行为，要先有启发，再去搜索。

启发式搜索没有在人工智能领域解决实际的问题，反而成了计算机学科尤其是算法领域的重要理论，同时它还在心理学、经济学、决策论等学科无心插柳柳成荫，长出了参天大树。前文提到的司马贺1978年就获得了诺贝尔经济学奖，就是由于他从启发式搜索中得到灵感，提出了“有限理性模型”。

麦卡锡、司马贺、纽厄尔他们在几十年内持续耕耘人工智能理论，也提出了很多看似行之有效的方法，可是人工智能的发展依然举步维艰。更严谨地说，人工智能领域有很多学术成果，却没有解决任何过去预期能解决的问题。为什么呢？这就涉及符号学派面临的最大问题了：知识学习。

古人说过“格物致知”。程颐说：“今日格一物，明日又格一物，积习既多，然后自有贯通处。”朱熹说：“人心之灵莫不有知，而天下之物莫不有理，唯于理有未穷，故其知有不尽也。”人的认知都是从外部来的，读万卷书，行万里路，才能有所知。

但科学家们发现，计算机很难认知现实世界。本来想的是，等计算机懂逻辑以后，把知识教给它不就行了。结果，研究逻辑多年，回头一看，原来难在知识学习。根本教不完，实在太多了。

比如说，1956 年带着人工智能跳棋程序去参会的塞缪尔，他的程序打败了美国跳棋的州冠军。在这个程序中，塞缪尔输入了 17 万个棋局，而计算机死记硬背了这 17 万个棋局。棋局格式统一、数据简洁，输入是没有太大难度的，可是其他就复杂多了。世间万物，怎么可能只靠人工输入呢？哪怕有一本百科全书，让一个极度聪明的人在屋里天天读、天天想，他就能把全世界的事情都了解清楚吗？不可能。

对于知识学习的问题直到 20 世纪 70 年代初，都没有得到很好的解决。到了 20 世纪 70 年代中后期，科学家们才想到了一些办法。我们暂且不讲，后面再展开。

符号派虽然发展得艰难，但也走出了一条路。这就是符号派第一个阶段的故事了。

司马贺（赫伯特·亚历山大·西蒙）

第 6 章

论迹不论心——行为派

我们已经从根本上改变了我们的环境，以至于我们现在必须改变自己，以适应新的环境。

——诺伯特·维纳（Norbert Wiener）

1894年，诺伯特·维纳（Norbert Wiener）出生在美国密苏里州一个犹太人家庭。他爸爸利奥·维纳（Leo Wiener）的人生经历可以拍成励志片，只有初中学历，18岁时从白俄罗斯一个人到美国，边打工边读书。他爸爸不光养活了自己，还在维纳出生的时候，也就是他34岁时，成了哈佛大学的语言学教授。

维纳遗传了父亲的优良基因，很聪明，3岁就能自己读《格林童话》，同时他也接触到了科普读物。他的童年不能说很幸福，因为作为大学教授的爸爸十分严格，他也发现维纳天资聪慧，认为不能浪费，必须把维纳培养成才，没有别的路可走。然而，这种教育上的压力，让维纳患上了严重的抑郁症，并且终身没有治愈，一直都脾气暴躁，是科学家中少有的暴脾气。家教严格的另一个后遗症，则是刻苦学习带来的高度近视，维纳摘了眼镜，差不多就是个盲人，需要扶着墙才能走路。

不过，维纳的成才之路很顺利，12岁考入大学，14岁就拿到了数学学士学位，进入哈佛大学攻读硕士学位。其间，到英国跟罗素学逻辑学和哲学，到德国跟希尔伯特学数学。罗素不用多说了，大哲学家和逻辑学家，前文也提到过他。大家可能对希尔伯特有点陌生，他是19世纪末20世纪初最有影响力的数学家之一。几乎就是因为他，德国哥廷根大学成为世界数学中心。希尔伯特在1900年国际数学家大会上提出了23个问题，这些问题成为此后很长时间内全球数学家的研究方向。

维纳就这么跟着世界级的大师学习，18岁拿到哈佛大学哲学博士学位，而后到麻省理工学院工作，一直到去世。他的很多故事至今还在麻省理工学院流传。有次，维纳在麻省理工学院大门口跟人聊天，聊完后突然问对方："我刚刚停下来跟你聊天的时候，我是冲哪个方向走的？"对方告诉他后，维纳说："好极了！说明我已经吃过午饭了！"

麻省理工学院有一个硕士生Jay Ball回忆说，他和一个中国朋友在一家咖啡店里喝咖啡，看到了维纳，就邀请维纳加入他们那桌。维纳过去了，看到Jay Ball的朋友是中国人，就说起了普通话，但是，对方不会普通话，只会广东话，没想到维纳竟无缝切换到了广东话，跟对方交谈。大家盛赞之后，维纳还遗憾地表示："我父亲可以流利地说17种语言。但是我不行，我只能说 12 种。”

更广为流传的一件事是维纳有一次回家，发现家里空无一人，就向家门口附近的一个小女孩询问。小女孩说:“你们家搬走了，搬到 ×× 街道 ×× 号了。”维纳说：“谢谢你，小姑娘。”小女孩回答说：“妈妈跟我说，她早就猜到你肯定找不到家门，爸爸。”后来有人向维纳确认这件事，维纳说：“起码我还记得她是我的女儿，至于其他的嘛，差不多吧。”

诺伯特 · 维纳

维纳在数学、物理、工程、生物、哲学等多个领域都有很大贡献，但他最大的贡献是他1948年出版的一本书。在二战期间，维纳参与了防空火力控制系统的工作。那几年，他们研制出了机器制导的武器拦截系统，在这之前都是人工瞄准的。于是，维纳把二战中通过研究得到的信息、通信、控制和反馈等各方面的成果总结出来，形成了一本书《控制论》（*Cybernetics*）。

前文讲过，香农发表信息论也是在1948年，也是关于信息和通信的。维纳跟香农，不光是提出理论的时间巧合，他们在贝尔实验室也是同事。维纳也提出了信息计量的方法，只不过香农的信息量只包括信息传输的确定性（熵），而维纳的信息量还包括内容的价值。

据说，维纳把自己的理论叫“控制论”（Cybernetics）的原因之一，就是香农先发表了“信息论”（Information Theory），他只好换个名字。在一段时间内，他们的关系还或多或少有点紧张，香农作为信息论之父风头正盛的时候，学术界攒花簇锦，维纳心里是有点不高兴的。好在他们都不是心眼小的人，加上香农后来退出一线，去研究杂耍了，所以二人并没有发生什么冲突。他们在当时既是合作伙伴，又是竞争对手。在一封香农在20世纪40年代写给维纳的信中，他还半开玩笑地给维纳提了一个中肯的建议：“使用‘控制论’这个词，诺伯特，因为没有人知道它是什么意思，这会让你在争论中始终处于优势地位。”

香农之所以这么说，是因为这个“控制论”也是个新造的词，不是Control（控制）这种常见词汇，而是赛博/电子（Cyber）与原理（Netique）的融合。Netique这个词也是维纳从希腊语里找到的，意思是掌舵的方法和技术，可以直译为“驾驭赛博世界的逻辑”。

控制论的核心观点之一，是人类、生物和机器的智能，都与信息通信控制和反馈机制有关。生物和机器在这方面是一样的：通过一些对就奖励、错就惩罚的措施，都能自我调整，学会一种能力。利用反馈机制来适应环境，这是智能出现的原因。不要纠结是人、是生物，还是机器，意义不大，只要输入的信息能得到正确的输出，就是智能。所以，维纳的控制论也被认为是进化主义的一种理论。

控制论一出现，首先不是在科学界引起争议，反而是在价值观上。在西方的基督教国家，普遍的舆论认为，控制论把生物和机器当成同样的对象，是对上帝的亵渎。后来，控制论真正被运用在各行各业中，成为主流，这些批判才慢慢消失。控制论学科后来成为世界上非常重要的学科之一。1954 年，钱学森出版了《工程控制论》，把控制论引入中国，获得 1956 年中国科学院一等科学奖。在今天的工科院校，往往都设置了控制系和自动化专业。“自动化”一词来自苏联，实际上自动化专业研究的内容与控制论相近。

控制论跟信息论一样，在信息和通信的逻辑上有很多论述。维纳在《控制论》的序言里开篇就致敬了莱布尼茨，因为符号语言是他灵感的来源。控制论正是将机器运转的逻辑，以形式语言分析和表达的学科。

不过，虽说在形式上控制论与前文提到的符号派有相似之处，且都受到了“莱布尼茨之梦”的启发，算是同宗同源，但实际上两者大有不同。麻省理工学院的另一位知名教授罗德尼·布鲁克斯（Rodney Brooks）就提出，智能只取决于感知和行动，就是感知到环境信息，做出恰当的行为。不取决于表达，不取决于推理。符号派一直都在主张的推理逻辑、知识整合并无意义。

受到控制论影响的人里，有一位大名鼎鼎的“六边形大师”——什么都懂一些、什么都能做一些的冯·诺伊曼。他劝维纳说，人类的大脑太复杂了，与其研究人脑，不如研究点更简单的生命体，比如病毒。维纳没有兴趣，冯·诺伊曼就自己去研究了。1948 年左右他提出了一个理论：自复制自动机。说起来不难理解，就是一台机器，利用零件组成一台与自身完全同样的机器。这个理论当时在工程领域是天方夜谭，但在生物领域却司空见惯：几乎所有生物的繁殖遵循的都是这个逻辑，把不是生命体的一堆分子，用结构化的方法制造成生命，并且使其与自身的生物特征相同。

这个自复制自动机的理论提出后直到今天都没有实现。而在 1953 年，DNA 的双螺旋结构被发现，跟冯·诺伊曼的理论遥相呼应，DNA 复制和制造蛋白质的逻辑，算是一个工程学上的奇迹，完美复现了自复制自动机理论。

正如本书中提到的不少理论，不少是墙内开花墙外香。自复制自动机理论虽没有实现，但启发了很多研究者。冯·诺伊曼自己就是计算机方面的专家，于是写了一个可以自我复制的计算机程序。能不断复制自身的程序，听起来是不是很耳熟？没错，冯·诺伊曼在1949年写下的这个程序，正是世界上第一个计算机病毒。冯·诺伊曼也被称为“计算机病毒学之父”。

自复制自动机在此后的科幻作品里也常常出现，机器人可以制造一个跟自己一样的机器人，工厂也可以制造一个与自己一样的工厂。比如，《地平线：零之曙光》里的机器人可以自我复制，《沙丘》和《红色警戒》系列里的兵工厂生产的基地车，也可以不断制造各式的基地建筑。

控制论是研究机器运作的学科。很自然地，它就会大量地被运用到军事和工业上，也大大推动了另一个学科——机器人学的发展。1942年，阿西莫夫提出“机器人三原则”（The Three Laws of Robotics），成为机器人研究的经典论述。1948年左右，已经出现了有趋光性的机器人，可以沿着光线的方向移动。1954年，美国出现了第一台工业机器人，它没有人的外形，实际上是可编程的机械臂。这种工业机器人，到了今天，已经应用在全球各地的工厂中。

维纳在《控制论》中预言，第一次工业革命导致人力在与机器的竞争中贬值，如今的“工业革命”会导致人脑的贬值，至少人脑所具有的简单的、较常规的判断作用将会贬值。这本写于 1948 年的书，已经预言了人的机械劳动，哪怕是脑力方面的机械劳动，也会被机器人替代。

维纳还在 1950 年写了一篇论文《人有人的用处》（*The Human Use of Human Beings*），论文的标题虽是在肯定人的价值，但其实已经在严肃探讨人与机器该怎么分工、人在与机器的共存中应该扮演什么样的角色。

在 20 世纪 50 年代，很多类似的理论，让美国社会产生了大面积对机器人替代人的恐慌，反而使美国政府在机器人上的研发投入大幅减少。政党想要选票，就要批评机器人，讨好选民，导致目前机器人领域的头部企业，要么在日本，要么在欧洲，这也是一个意想不到的结果吧。

维纳作为控制论之父，同时也被公认为人工智能行为派的创始人。不过，行为派的学者们并没有与符号派正面抢夺话语权，而是在自己的学术领域持续研究。毕竟，大多研究成果都可以在军事或者工业上落地，不存在经费、资源、影响力的博弈。行为派的学者们，既是推动人工智能在行为主义和进化主义方面发展的一支力量，同时也是推动控制学科（自动化学科）、机器人学科、通信学科等发展的力量。

在 20 世纪 70 年代之前，行为派的成果并不乐观。这个时期的条件不足，很多研究都受到了客观条件的限制。

1969 年，斯坦福大学人工智能研究中心的尼尔斯·尼尔森研发了一个叫作 Shakey 的车型机器人，是世界上第一个可自主移动的机器人，它不仅能观察环境并且建模，还能规避障碍。这个机器人看起来的确不大，不过要控制这辆小车，需要一台巨大的计算机，差不多要一个房间那么大。

机器人虽是控制学的研究成果，但 Shakey 实际上是通过输入大量的规则和逻辑，用路径规划的算法来移动的，算是符号派的理念。此时，还不能说

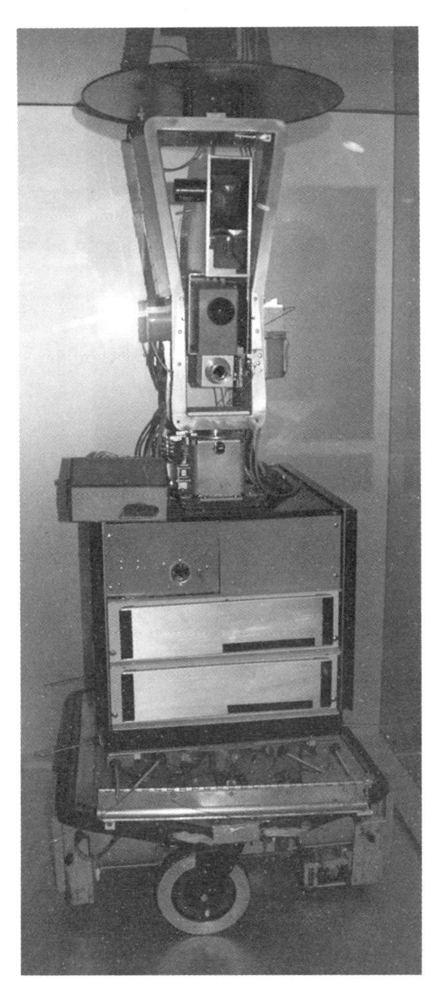

车型机器人 Shakey

Shakey 具有“可用性”，它运行起来非常慢，若遇到一个新环境，还需要花几小时分析和建模，才能移动。

不过，这依然是人工智能发展史上的一个里程碑，至少机器学会了移动。斯坦福大学后来也变成了自动驾驶的研究圣地。目前，全球顶尖的新能源汽车的研究基地，基本上都在斯坦福大学附近，在硅谷地区。

我们今天驾驶新能源汽车所享受的自动驾驶功能，追本溯源，还要回到半个世纪前的这个房间，感谢这个看起来笨拙迟钝的机器人 Shakey。

第 7 章

脑为元神之府——连接派

因此，我们赞颂熵和热量，我们为了空间、交换位置、动量和自旋而战斗，如果生命是未经规划的，那就足够成功了。

——沃尔特·皮茨（Walter Pitts）

脑为元神之府，鼻为命门之窍。这是李时珍的名言。古代学者已经懂得，大脑才是产生意识、制造精神的地方。人工智能的三个学派，除了研究逻辑和规则的符号派、研究输入输出和反馈机制的行为派，还有一个研究人脑的连接派。

沃尔特·皮茨（Walter Pitts）1923 年出生在美国底特律的贫民窟中。与当年大多数科学家出身贵族家庭或者知识分子家庭不同，皮茨童年生活在严酷穷困的环境中。皮茨从小就对数学和逻辑这些学科产生了浓厚的兴趣，12 岁时在图书馆读到了罗素的《数学原理》，他不仅读得懂，还读上了瘾。读了三天三夜，废寝忘食。这是一本共三卷的书，2000 多页，几乎全是数学证明和逻辑分析，皮茨全部读完，甚至还找到了几处错误。皮茨把这些错误写成了信，直接寄给了作者罗素。罗素居然还亲自回了信，邀请皮茨做他的研究生。

可惜皮茨家里实在困难，只好拒绝。15 岁时，皮茨初中毕业，父亲勒令他不要再读书了，尽早打工养家。在家中本来就常常遭受毒打的皮茨，愤而离家出走。从此之后，他毕生再也没见过家人。

沃尔特·皮茨

离家后，皮茨思来想去，不如去投奔罗素。可是皮茨在美国，罗素在英国。不过此时，罗素恰好在芝加哥大学访学，皮茨马上来到芝加哥，真的找到了罗素。罗素跟皮茨聊完后，深感皮茨的确是天才。不过由于多种原因，罗素带不走皮茨，于是就把皮茨推荐给了芝加哥大学哲学教授鲁道夫·卡尔纳普（Rudolf Carnap）。前文我们提到过，蒯因是在罗素、维特根斯坦和卡尔纳普之后最重要的哲学家。卡尔纳普和这几位一样，也是同等级别的大师。

卡尔纳普决定考验一下皮茨，就给了他一本自己最重要的著作《语言的逻辑句法》。皮茨一个月就读完了，书里写满了笔记。卡尔纳普阅毕，深深感叹道，他真的是个天才。于是，卡尔纳普马上安排皮茨去干杂活。不好意思，开了个玩笑，皮茨确实是去做杂活了，毕竟要靠打工养活自己。同时，皮茨也终于可以在学校里跟着大师们学习了。

1940 年，皮茨认识了伊利诺伊大学芝加哥分校（UIC）的精神生理学系教授沃伦·麦卡洛克（Warren McCuloch）。皮茨和麦卡洛克，一个是 17 岁，一个是 42 岁，成了忘年交，这成为科学史上的一段佳话。他们对研究人脑有着同样浓烈的兴趣，而且喜欢同一个偶像——莱布尼茨。莱布尼茨分别出现在了人工智能三个学派的掌门人的故事里，真可谓是三个学派都站在了同一个巨人的肩膀上。

麦卡洛克给皮茨补充了一个很重要的科学基础：20 世纪初的神经科学家们已经发现的神经元及其运作机制。当神经元细胞的树突（Dendrite）受到的外部刺激达到一定阈值之后，会沿着轴突（Axon）方向向其他神经元放电，发射脉冲信号，刺激突触（Synapse）和与其相连接的其他神经元细胞树突交换神经递质，来完成信息传递。人类所有的思考，全都基于如此简捷的神经元行为，实在巧妙。于是，麦卡洛克和皮茨就考虑，用机器搭建一个神经系统。

1943 年，麦卡洛克和皮茨共同发表了一篇论文《神经活动中内在思想的逻辑演算》，从理论上证明了机器模拟神经元的方法，而且说明了其机械化的逻辑运算。他们证明了通过神经元的方式，能实现图灵机的所有功能。在这篇论文中，他们提出了一个新的概念，叫“神经网络”。神经网络以神经元为最小的信息处理单元，把神经元的工作过程简化为一个非常直接、基础的运算模型。这个模型极为简单，正是对生物意义上神经元的致敬。这个最早的神经网络，被称为 M-P 神经元模型，M 是麦卡洛克，P 是皮茨。

这篇文章一经发表，震惊世界，并由此成功创建了一个学派：连接主义学派。这就是神经网络学科的开端。

这时，皮茨在职业上遇到了一个难题：芝加哥大学要求想拿到学位的人必须是高中毕业生。皮茨无可奈何，只好决定去另一所大学——麻省理工学院。在麻省理工学院，他遇到了人生中的另一个贵人：20

世纪人工智能行为派掌门人、控制论和自动化的祖师爷、找不到家门的诺伯特·维纳。

见到皮茨的时候，维纳一句废话都没说，挥手就在黑板上给皮茨讲了自己目前的数学研究工作，皮茨边听边说，你这个可以这样，你这个可以那样，你这个似乎不对……他讲了没一会儿，维纳被震惊了。维纳后来是这么评价皮茨的："毫无疑问，皮茨是我见过的世界范围内最厉害、最杰出的科学家，如果他不能成为他这一代最重要的科学家之一的话，我反而会感到很吃惊。"

维纳当场就给了皮茨一个博士的名额，此时皮茨年仅 20 岁。1943 年皮茨在麻省理工学院，开始全力与搭档麦卡洛克研究大脑思维模型。他们的目标是做出一个有 1000 亿个神经元的系统。维纳给皮茨的指导和建议非常有用，毕竟维纳自己也是统计数学大师，有了皮茨后，更是如虎添翼。在 1947 年控制论大会上，皮茨宣布他的博士题目是"神经网络"。作为一个博士生，在控制论大会上煞有其事地宣布自己的论文标题，似乎有些狂妄。可是皮茨已经名声在外，他的研究项目是业内十分关心的重要话题，皮茨这么旗帜鲜明地说要研究神经网络，使得更多科学家对神经网络产生了兴趣。

比如，前文多次提到的冯·诺伊曼又来了。冯·诺伊曼对计算机领域最重要的贡献，就是前文提到的“冯 · 诺伊曼架构”，它是今天所有计算机和计算设备的基础架构。这个架构被描述在一篇论文里，叫作《EDVAC 报告书的第一份草案》，这篇论文的发表代表着冯 · 诺伊曼架构的诞生。而这篇论文只有一个外部引用，就是皮茨的《神经活动中内在思想的逻辑演算》。可见，皮茨当时的影响力有多大。

麦卡洛克一直在伊利诺伊大学芝加哥分校工作。直到 1952 年，他得到了一个新的工作机会，到麻省理工学院电子研究实验室做了一名研究员。在伊利诺伊大学芝加哥分校时，他是校方给提供一栋别墅的终身教授，如今他住在公寓里，成了一名合同工，就是为了跟皮茨并肩合作。科学家们之间的友谊有的充满了浪漫主义色彩。

皮茨年少成名，20 世纪 50 年代的皮茨正值壮年。他在学术界有一定的地位，身边有灵魂搭档麦卡洛克，还有全球顶级的导师维纳，正是大干一场的时候。1956年，皮茨自然也被麦卡锡邀请参加达特茅斯会议，虽然皮茨有事没去，但也从侧面说明他是人工智能领域颇有影响力的学者。可惜，世事无常，皮茨最后竟跟自己的导师维纳决裂了，而且是严重的决裂。

根据维纳的传记《信息时代的黑暗英雄》（*Dark Hero of the Information Age*），原因出在维纳的妻子玛格丽特·维纳身上。当时，玛格丽特并不喜欢麦卡洛克的生活方式，从她的视角来看，他们这群人过于狂野和奔放，经常聚会，不守规矩。而玛格丽特是很保守的人，玛格丽特为了让维纳远离麦卡洛克，编造了一个莫须有的罪名，指控麦卡洛克的儿子勾引自己的女儿。结果，维纳听信了她的话，公开宣布断绝所有跟麦卡洛克团队的合作。对此麦卡洛克也表达了愤慨，二人从此不再往来。

在维纳与麦卡洛克之间，皮茨必须做出选择，他毅然决然、毫不犹豫地站在了麦卡洛克一边，真是友谊深厚啊。于是，皮茨跟维纳也就不再往来了。可皮茨还没有博士毕业，维纳还是他的导师，当麻省理工学院给他颁发博士学位证时，维纳并没有故意为难他，但皮茨看到手续文件里有维纳的名字，直接拒签了，表示宁可不要这个博士学位。过去这么多年，皮茨从一个来自贫民窟的初中生，奋斗到如今这个地位，并不容易。不仅如此，皮茨还把所有的博士论文和研究笔记一把火烧了，以示对维纳的反抗。这件事让皮茨过去的努力全部付诸东流。麻省理工学院很惜才，找到皮茨，表示说，你把过去的笔记和资料找回来，我们承诺你以后可以跟维纳不再接触，你继续做你的研究工作，但皮茨并没有这么做。

这次与导师的决裂已经让皮茨身心俱疲，而在真正让他充满热情的研究中，他再次受到打击。皮茨和麦卡洛克的研究发现，生物神经的逻辑，跟他们过去想象的完全不同。他们想象的，也是我们经常容易想到的，是大脑中有个处理器，就像计算机的 CPU 一样；而像眼睛这种器官，应该就是感应器，就像计算机的摄像头。人的眼睛负责把信号传给大脑，大脑再予以处理，就像摄像头把原始信息传给 CPU 后，CPU 再予以处理一样。这很符合我们的认知。

可是，他们在对青蛙的研究中发现，青蛙的眼睛并不只是记录它看到的东西，还会将对比度、曲率、运动轨迹等视觉特征分析过滤，进行预处理，再一并传递给大脑，用他们的话说："眼睛跟大脑沟通的语言是已经高度组织化并且经过解译的。"这个实验和结论被写在他们的论文《蛙眼告诉了蛙脑什么》（*What the Frog's Eye Tells the Frog's Brain*）里。

这次的发现使他们用计算机模拟大脑的想法大大受阻。大自然的逻辑是完全不同的，不是简单的图灵机，也不是冯·诺伊曼结构。蛙眼作为感应器，都具备了处理器的能力，这让计算机怎么模仿？

双重的打击，让皮茨患上了严重的抑郁症。此时，麦卡洛克病倒成了压死骆驼的最后一根稻草。皮茨身边的朋友开始发现他慢慢消失在人群中了。皮茨整夜酗酒，已经放弃人生了。1969 年，天才皮茨孤独去世，年仅 46 岁，死于肝硬化。而他毕生的好友、搭档麦卡洛克也于 4 个月后在医院去世。这两位人工智能领域学派创始人，在最高光的时刻，迅速陨落，实在令人唏嘘。

被称为人工智能领域学派创始人的四位宗师，我们前面已经聊过三位了，唯独没有提到麦卡锡的战友、学弟明斯基。大家可能想不到，明斯基虽然后来是符号派的核心领袖，但在早期，他实际上是坚定的连接派。

前文已经说过，明斯基在1954年从普林斯顿大学毕业，他的博士论文题目是《神经模拟强化系统的理论及其在大脑模型问题上的应用》，这显然是连接派的思路。在达特茅斯会议上，明斯基展示的也是世界上最早的神经网络机器，初步实现了皮茨的设想。

1957年，也就是达特茅斯会议结束的第二年，康奈尔大学的实验心理学家弗兰克·罗森布拉特（Frank Rosenblatt）在IBM704计算机上，做出来一个叫"感知机"（Perceptron）的神经网络模型，用的正是皮茨和麦卡洛克发明的M-P神经元模型。这台机器有10个神经元和1960个带有权重的神经元连接。他在没有输入任何规则和逻辑的情况下，就能让机器学习识别出0到9这10个手写数字。

方法大致是，罗森布拉特把大量的训练集（各种手写的数字0到9）输入计算机，同时告诉计算机每个数字是什么。计算机就会让每个位置出现的像素点与最终的手写数字产生关联。

虽说只识别了数字，但也是很了不起的成就。罗森布拉特震惊了学术圈，很快就获得了美国军方的资助。1959 年，罗森布拉特设计出了第一台硬件感知机 Mark 1。与 IBM 704 模拟神经网络不同，这台机器真的以电路方式实现了神经网络。从罗森布拉特和他的 Mark 1 的这张合影照片中，我们可以感受到它十分接近科幻电影中的机器。

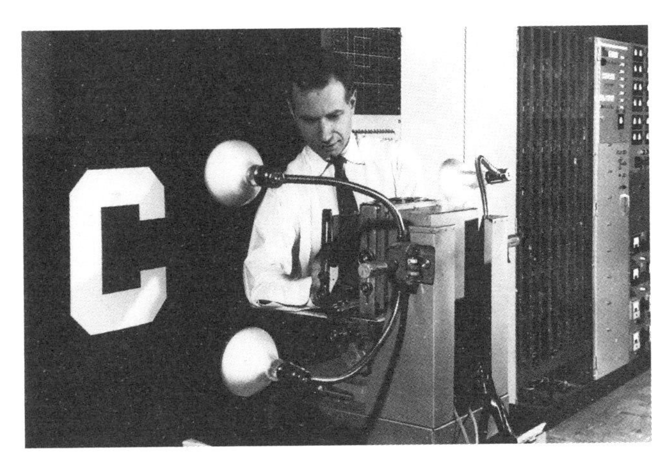

罗森布拉特和他的感知机 Mark 1

这台机器造价达 200 万美元，是与美国海军合作的一个项目。它作为重要的成果被载入了史册。为什么呢？除了是第一个神经网络机器外，它的演示效果也极好。过去的很多神经网络，是无法用图形化的内容进行实际演示的，而这次不一样。媒体的记者就在现场，看着罗森布拉特拿着白色卡片，写下英文字母，一个又一个，告诉机器是什么字母，输入了很多张卡片后，机器竟能识别出来这些字母。这是非常有感染力的现场演示。演示过后，第二天早上，《纽约时报》刊登了这台机器的照片，并附文："海军今天展示了一台电子计算机原型，预期未来它可以走、说、看、写、自我复制，并意识到自身的存在。"这一报道引起了世界轰动。《纽约客》后来也说："罗森布拉特的这个创造，是人类大脑的第一个重要对手。"虽然媒体的说法有点夸张，但这台机器成了神经网络历史上的里程碑，是毋庸置疑的。这一年，罗森布拉特才 29 岁。

1962 年，罗森布拉特出了一本书，名叫《神经动力学原理：感知机和大脑机制的理论》（*Principles of Neurodynamics: Perceptrons and the Theory of Brain Mechanisms*）。这本书成了连接派的经典著作，具有开创性的地位。

芝麻掉到针眼里——巧了，罗森布拉特跟明斯基是高中同学。这所高中位于纽约的布朗克斯区，叫布朗克斯科学高中，是一所贵族学校。校友中有8个诺贝尔奖得主、6个普利策奖得主、8个美国国家科学奖章得主和3个图灵奖得主。他俩本来是高中同学，又都是人工智能领域的先驱，似乎应该能产生一段佳话。结果世事难料，他俩居然成了毕生的仇敌。

矛盾产生的原因在于，罗森布拉特年少成名，获得了特别多的资助。学术界的资助更多来自政府机构，但资助经费就那么多，你多拿点我就少拿点。这时的罗森布拉特风头正盛，不光获得了很多经费，让很多同行没有饭吃，还到处招摇过市，开跑车、接受采访、到处演讲，简直成了偶像派的科学家。人工智能领域同行对他，是又妒恨，又鄙视。有的同行就开始设法攻击他，其中就包括明斯基，总是在各种地方攻击他。有一次在某场展会中，当他看到一个可以创建计算机图形的系统时，他就故意当着大家的面问罗森布拉特："哟，你的感知机能搞定这个吗？"

明斯基认为，这些批评都是隔靴搔痒，于是决定要给罗森布拉特致命一击。既不是否定罗森布拉特的某个说法，也不是反对他个人，他要下一盘大棋：从理论上证明神经网络就是错的，这样才能彻底截断罗森布拉特所有的后路。1969 年，明斯基和他在麻省理工学院的同事派普特，一起写了一本巨著，也是人工智能领域最重要的著作之一——《感知机：计算几何学导论》（*Perceptrons: An Introduction to Computational Geometry*）。

这本书看名字很普通，讲的就是感知机的理论，可翻开一看，字里行间写着五个大字“感知机不行”。明斯基在书中写道，感知机存在先天缺陷，这条路是永远行不通的。因为 M-P 神经元，实现不了计算机异或的逻辑运算（XOR）。如果它连最基本的逻辑运算都实现不了，那研究它就没有意义了。当时，有的科学家提出，可以通过加入中间层（隐层）让神经元连接成多层感知机。对此，明斯基也予以反驳，说多层感知机理论上也不可能实现，因为增加隐层带来的连接数量是爆炸式的，太多了，根本不可能实现。刚才说了，Mark 1 的神经网络只有 10 个神经元，就已经需要 1960 个神经元连接了。如果再加入隐层，就会变成 40376 个神经元连接，根本没有可行性。

最后，他以斩钉截铁的口吻说：研究多层感知机，没有任何价值。他在书中对罗森布拉特和他的理论充满蔑视，直言“罗森布拉特的论文大多没有科学价值”。明斯基作为大师，这么做确实有点不体面。

同年，明斯基刚刚由于人工智能方面的贡献而获得图灵奖，这是第四届图灵奖，也是图灵奖首次被授予人工智能领域的学者。明斯基是公认的人工智能领域的领袖，此时他的影响力是无人能敌的。这本书，可以毫不夸张地说，直接“活埋”了神经网络及其背后的连接派。此后，人工智能领域的学者们，闻感知机色变，谈神经元惊心。

《感知机》出版后两年，即 1971 年，罗森布拉特在 43 岁生日的当天，从美国的一艘帆船上掉落，溺水死亡。当时与他同在船上的两个学生，不会操作帆船，不知道怎么掉头，只能眼睁睁看着他，缓缓沉入海底。一种说法是，罗森布拉特也许是心灰意冷了，想要自杀，也因此有很多人站出来批评明斯基。无论真相如何，这终究是人工智能发展史上的一个悲剧。

罗森布拉特、皮茨、麦卡洛克，作为连接派的三位重要先驱，几乎是前后脚去世的，这对神经网络的研究者来说，是巨大的打击。

好在，罗森布拉特的研究跟皮茨和麦卡洛克的研究一样，为人工智能领域打下了坚实的地基。他们没有看到，在几十年后，地基之上，高楼拔地而起，无数成果傲然矗立，使符号派望尘莫及。他们作为人工智能发展史上的流星，虽只是短暂划过，但他们的光芒，在无数追随者多年的隐忍、蛰伏和努力后，经过半个世纪，终于大放异彩。

跟图灵机一样，在所有阳光照射的地方，都有他们当年的贡献。

第 8 章

三个和尚没水吃——“第一次寒冬”

如果炼金术士不再关注曲颈瓶和五角器皿，而是把时间花在寻找问题的深层结构上，如果人们从树上下来开始着手发明火与车轮，那么事情就会朝着一个更令人鼓舞的方向发展。

——休伯特·德雷福斯（Hubert Dreyfus）

明斯基在针对性地否定神经网络路线之后，拿到的资助确实多了起来。他主要是从美国国防高等研究计划局（ARPA，后来改名为DARPA）获得经费的。从1963年起，他每年能得到220万美元的经费，此后逐年增加。他参与的资助项目叫作数学和计算工程（MAC）。

在MAC项目里，人工智能是个子项目，由明斯基牵头，后来符号派的另外两支，即人工智能领域的创始人斯坦福大学的麦卡锡和卡内基梅隆大学的司马贺和纽厄尔，也参与了这个项目。在这个项目中，ARPA不给研究人员定具体方向，也不要求任何产出。当时ARPA的主任，与互联网风险投资人持有相同的观点：我们资助的是人，不是项目。

这正是符号派“一统江湖”的原因。经费在哪里，人才和资源就在哪里。于是，明斯基所在的麻省理工学院，麦卡锡所在的斯坦福大学，司马贺、纽厄尔所在的卡内基梅隆大学，成为美国高校中三大人工智能研究基地，直到今天都是。

马文·明斯基

他们那几支队伍拿了不少资助，就这么过去了10年左右。像前文所说的各种应用课题，无论哪个学派都解决不了，人工智能的发展停滞不前。学术圈开始出现很多反对的声音，为什么把经费浪费在这些项目上呢？支持那些能取得明显成果的项目可能更加合理。

除了发展进程较慢，人工智能被人诟病的另一个重要原因，跟这几位早期的领袖有关。他们把人们的预期拔得过高了（可能是申请经费时的正常操作），结果却不尽如人意。

1958 年，纽厄尔和司马贺说：“10 年之内，数字计算机将成为国际象棋世界冠军。”还说：“10 年之内，数字计算机将发现并证明一个重要的数学定理。”

1965 年，司马贺说：“20 年内，机器将会完成人能做的一切工作。”

1967 年，明斯基说：“在一代人的时间内人工智能的问题将在总体上得到解决。”

1970 年，记者达拉奇在看过斯坦福大学研制的机器人小车以后，转述了一下明斯基当时的说法：“在三到八年的时间里，我们将得到一台具有人类平均智力水平的机器，这样的机器能读懂莎士比亚的著作，能给汽车上润滑油，能玩弄政治权术，能讲笑话，能争吵。总之，它的智力水平将无人能及。”这种言论一经报道，可想而知，又是一轮炒作。

其实，反对的声音很早就存在。1965 年，加州大学伯克利分校的哲学家休伯特·德雷福斯以兰德公司顾问的身份，发表了一篇文章《炼金术与人工智能》（*Alchemy and ArtificialIntelligence*），嘲讽司马贺和纽厄尔，说他们的工作，跟炼金术一样，都是伪科学。后来，他扩展了这篇文章的内容，出版了一本书《计算机不能干什么》（*What Computers Still Can't Do*），大大否定了人工智能的价值，其中不乏嘲讽和挖苦。

真正给出致命一击的是英国数学家詹姆士·莱特希尔（James Lighthill），1973 年他写了一篇当时非常有影响力的报告，里面有翔实的案例和分析。其结论非常明确：人工智能领域至今都没能取得当初向人们承诺的、具有主要影响力的成果。

坦白地说，今天再去读这份 1973 年的报告，也很难讲它是有缺陷的、有严重事实错误的。站在当时的角度来看，除了能证明数学定理、识别一些数字和字母（况且还是十几年前的事情），人工智能领域并没有太大的突破，人们也确实没有看到它们有明显的进步。逻辑真的可以用机器模拟吗？神经元真的能通过电路实现吗？这些似乎都只是空想，而人工智能看起来真的很像伪科学。

这份报告的影响力很大，迅速传播到了全世界。到了第二年，这份报告的效果就显现出来了，自 1974 年开始，整整 10 年时间，人工智能领域的学者几乎拿不到一分钱的赞助。这10年，被称为人工智能领域的“第一次寒冬”。

人工智能研究最大的资助方DARPA宛如大梦初醒，立马撤回经费，并且此后的多数项目，都将目标调整为“以任务为导向的直接研究，而不是基础的非定向研究”，以明确的KPI来管理研究成果。

这次“寒冬”的出现，与各学派之间旷日持久的斗争，也不无关系。科学家之间略带傲慢的“路线斗争”，也是原因之一。比如，麦卡锡讨厌控制论，就放话说“离维纳的控制论越远越好”。他们斗来斗去，结果“三个和尚没水吃”。造成当时那种局面，明斯基作为业界领袖，也难辞其咎。因为他亲手扼杀了刚刚萌芽的三大学派之一的连接派。连接派原本是很有前途的学派，而如今符号派孤军难支，人工智能举步维艰，直是伤敌一千，自损八百。

到了此时，人工智能领域的发展陷入“冬眠”状态。其实，这十几年并非没有进步，只是很难有像发明感知机那样有突破性的成果。而一些看似不起眼的研究，日后会凸显它们的价值，比如在卡内基梅隆大学的语音理解研究项目中，就诞生了隐马尔可夫模型。它成了今天语音识别技术的核心基础。符号派、行为派、连接派也都围绕过去的研究成果，反思破局之策。

他们都在艰难的“寒冬”中各自取暖。

第 9 章

为有源头活水来——专家系统

人工智能并不是一门理论学科，它需要在特定的任务环境中实现。

——爱德华·费根鲍姆（Edward Feigenbaum）

即使处在“寒冬”之中，人工智能领域的科学家们也没闲着。通过《感知机》这本书给神经网络判了“死刑”、从连接派“叛逃”之后，明斯基成了坚定的符号派支持者。明斯基之所以能成为宗师级别的人物，也是因为他曾做出过杰出的贡献。

后来，他跟原来的战友和学长麦卡锡也分道扬镳了，并提出了一种全新的理论。他认为麦卡锡提出的严丝合缝的、完完整整的假设是行不通的。明斯基原话中用的词汇是“neats”，意思是整洁的方式。明斯基认为，人的大脑根本不是这么思考的。

明斯基在1974年的文章《表现知识的框架》（*A Framework for Representing Knowledge*）中提出了新的理论，即“框架理论”。这个理论可以这么理解：当我们看到苹果的时候，会首先想到它好吃、酸甜，也会想到它放的时间久了就会腐烂变质等。水果也有自己的“默认属性”，人类看到橙子、橘子、葡萄等水果时，一般都会在框架内思考。这就像一个属性表，一个事物早就有默认值了。它的价值就在于，下次你再输入一个新知识，比如香蕉，有很多信息是可以直接迁移、低成本复制的。

这很像我们在游戏中创建角色，那个角色会有各式各样的技能和属性，像力量、敏捷、智力、感知等，我们在创建时就有了现成的框架。接下来，如果我们想要再创建一个角色，从头创建是很费工夫的，因此我们可以在之前角色的基础上做一些调整，这样成本就低多了。

说白了，框架理论就是通过给可复用的知识做一个框架，让新的内容“继承”旧的内容，这样可以降低边际成本。如果你是一个程序员，对此肯定不陌生：这不就是编程里面的“对象”概念吗？

的确如此，就像经典的面向对象的计算机语言 C++ 和 Java 一样，当你定义了一个类之后，就可以让一个对象“继承”另一个对象的属性。

框架理论确实跟面向对象的底层逻辑很相似，因此在人工智能领域的科学家们用计算机语言 LISP 编程的时候，也用了类似的方法。这大大推动了人工智能在一些应用实践上的发展。

框架理论提供了一种新的获取和处理信息的方法。同时期，还有其他一些方法也开始出现，比如语义网络。

语义网络出现的目的是让计算机理解符号之间的关系。大家可以想象着有一个巨大的思维导图，连接可能发生在任意两个符号之间，因此只要连接网络，就能让知识变得更结构化、更容易处理。

这里，有一个语义网络的实例，从中我们可以感知到知识之间的关联。

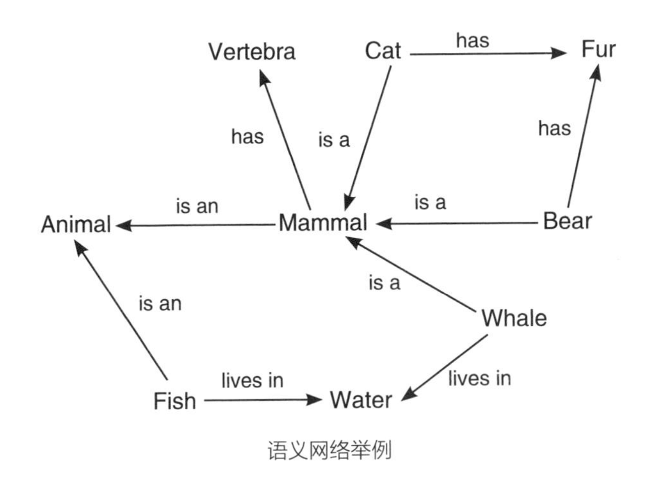

语义网络举例

在框架理论和语义网络这样出色的研究成果出现后，对知识的处理，人们有了更多手段。可是，科学家们发现，它们都没有解决最重要的问题，即知识太庞杂，无法一股脑儿输入计算机的问题。框架理论的确可以简化信息，可知识依然还是海量的，想让计算机理解真实世界的一切，依然不现实。此时，一些学者就开始讨论，我们要接受现实。不要期望人工智能很快就“长大成人”，样样都会，科科满分。我们先试试看能否让它成为一些“专才”。

于是，跟想要做通用人工智能的路线不同，所谓做“专才”的一些项目就出现了。

1958 年，在斯德哥尔摩——全球科学家目光聚焦的地方，年仅 33 岁的李德伯格（Lederberg）获得了诺贝尔生理学或医学奖，这也是诺贝尔奖得主中十分年轻的一位。李德伯格作为生物学家，最广为流传的名言是：“人类统治地球的最大威胁，是病毒。”对于这句话，这几年，我们恐怕会有更加深刻的体会。

李德伯格在获奖后，到斯坦福大学任教，担任遗传学系主任。跟我们之前提到过的每一个人工智能先驱一样，他也对“莱布尼茨之梦”产生了兴趣。斯坦福大学的人工智能领袖是麦卡锡，于是李德伯格便认识了麦卡锡，也经常交流人工智能的相关话题。李德伯格找了一个合作伙伴——斯坦福大学计算机中心主任爱德华·费根鲍姆（Edward Feigenbaum），他们的合作方式是李德伯格提出想法，费根鲍姆设法实现。在斯坦福大学，计算机中心主任比计算机系主任可能还有影响力。因为计算机中心经常主办或举办各种会议，在行业内颇有影响力，也有丰富的人脉资源。二人一拍即合，准备创建一个专业领域的知识系统叫作 DENDRAL（名字源于 Dendritic Algorithm，树状算法）。这个系统可以通过输入质谱仪（分离和检测不同同位素的机器）数据，输出物质的化学结构。

费根鲍姆当时在兰德公司工作。兰德公司是美国军方知名的智库机构，专门提供调研和情报分析。布鲁斯·布坎南（Bruce Buchanan）当时正好在兰德公司实习，与费根鲍姆有项目上的合作。虽然专业不太对口，但布坎南对费根鲍姆的项目充满兴趣，于是就到斯坦福大学负责 DENDRAL 项目，成为项目的真正执行者。

然而，DENDRAL 项目的推进并不容易，因为涉及多个交叉学科，团队中有很多计算机专家和生物学专家，但是他们对化学一窍不通，布坎南现学现卖，给大家开补习班，上化学课。现场大家不爱听课，都快睡着了，据说还是在现场的麦卡锡拍案而起，大声呵斥：“你们就不能好好听课吗？”才让课堂纪律变得好了一些。

DENDRAL 项目顺利完成后，布坎南牵头带着自己的博士生肖特莱福做了 MYCIN 系统（名字来源于抗生素的常见后缀 -mycin），它基于 LISP 开发，可以针对细菌感染的情况做出诊断，准确率达到了 69%，而当时医生诊断的准确率是 80%。虽说并不能替代医生，但已经比很多非专科的医生强多了，可以作为疾病初筛的补充手段。

DENDRAL 和 MYCIN 这两个系统后来都成了专家系统（Expert System）。此后，专家系统也成了人工智能领域一个独立的课题。

MYCIN 团队没有邀功，谦虚地认为 DENDRAL 是专家系统的鼻祖。不过，由于 MYCIN 的影响力更大，很多学者认为 MYCIN 才是鼻祖。

费根鲍姆带领的团队，之后持续在专家系统方面深耕。当 20 世纪 70 年代人工智能的“第一次寒冬”到来后，费根鲍姆在申请经费和汇报项目的时候更加谨慎，十分注意措辞，让主要的资助方 DARPA 以为他们做的项目，跟人工智能并无关系，这才生存了下来。在“寒冬”中，这种做法成了很多人工智能学者的生存法则。

不久，在专家系统学者们的不懈努力下，一个重要的时刻到来了：人工智能历史上的首次商业化成功。

前文提过，卡内基梅隆大学是人工智能领域的三大圣地之一，领袖是司马贺和纽厄尔。卡内基梅隆大学的麦克德莫特，在1978年编写了一套叫作R1的程序，还写了一篇论文《R1计算机系统专家》。据说，R1这个名字的来源是麦克德莫特的自嘲。他说，三年前自己连“知识工程师”这个词都不会拼写，但现在他却成了一个知识工程师。知识工程师，指的是做专家系统的工程师。“我成为一个”（I are one）的谐音就是“R1”，算是玩了一个谐音梗吧。

R1后来正式命名为XCON（Expert Configurer），意思是专家配置器，名字很具体形象。拥有过台式机的读者都知道，自己要想组装一台计算机，需要搞懂复杂的配置和相应的部件，如处理器、显卡、硬盘、内存、网卡、主板、电源，等等，很复杂。而在过去，部件之间的兼容性很差，必须有详细准确的信息才能去采购。即便是计算机公司的销售人员，有时也不能完全搞清楚，等客户买完，才发现缺了根网线，少了个网卡。那时计算机的功能还不够完善，很多硬件都需要软件驱动配合，没有配套的驱动，即使有硬件也用不了。所以在采购的过程中，总是出现各种意外，一旦有问题，就需要补充零件，来回邮寄，非常麻烦。

XCON 就与当时知名的计算机公司 DEC 合作。当客户购买计算机时，XCON 就能按照需求自动配置零部件，确保万无一失，送到客户那里后，客户就可以直接组装。从 1980 年开始投入使用，到 1986 年为止，XCON 一共处理了 8 万个订单，准确率在 95%～98%，高于同行。XCON 也有很高的性价比，为 DEC 累计节约了大概 2500 万美元，也有人说是 4000 万美元，反正都不是小数字。因此，XCON 也算是青史留名的系统了，因为它带来了人工智能的另一次高潮。人们发现，人工智能的成果，终于能用在商业上了。

不过，XCON 一点都不先进，在人工智能领域，只能算是刚起步的水平。XCON 没有任何自学能力，全靠人工手动写入 2500 条规则，本质上与 20 世纪

50 年代就有的人工智能跳棋程序没什么区别，是很初级的、很简单的人工智能系统。

在 20 世纪 80 年代，专家系统的兴起还带来了一个巨大的社会舆情，社会上出现了人工智能要替代人的恐慌情绪。这种恐慌情绪比罗森布拉特和维纳时代的那两次要更真实，毕竟人们看到了机器开始真的进入工厂工作了。那时，媒体也高频次地讨论这件事，引起了大众的广泛关注，继而引发了日本的科技大跃进运动，我们在后文中再详述。

值得一提的是，在这次“寒冬”之中，人工智能领域的学者们持续探索。1976 年，对于机器定理证明的老课题，也有了重大突破。

这次的定理就是“四色猜想”，由于已经被证明，如今已经成了“四色定理”。1852 年，数学家法兰西斯·古德里（Francis Guthrie）提出，似乎在所有地图里，只需要四种颜色给区域染色，就能保证所有相邻边界的颜色都不同，也就不会混淆了。最后，这变成了数学界的一个大课题，被历代学者们研究了 100 多年。数学家们发现，这在经验上是正确的，但一直没有找到严谨的方法去证明。

1976年，哈肯和阿佩尔在伊利诺伊大学用IBM 360写了一个程序。这个程序包括487条规则和1936个不可避免集，IBM 360花了1200小时跑完程序，成功证明了四色定理。关于它的数学含义，这里我就不展开解释了，大家只需要了解这是一个“暴力”的破解方法，大概是将所有四色猜想的情况做了分类，又把具体的情况列举了出来。比如，我们想要证明人都没有尾巴，是可以通过生物学的逻辑直接证明的，同时我们也可以把每个种族的人是否有尾巴去挨个进行验证，自然也能证明母题。

这是世界上被机器率先证明出来的第一个定理，一开始并不被数学家们接受。同时也引发了一个大讨论，就是到底什么是“证明”。这里涉及一个客观的问题，机器是基于规则的，子问题证明能对应到母题。逻辑的确没问题，可是如此庞大的运算量，是没办法去检查每个细节的。那么，不知道每个步骤的证明，到底算不算证明？就像我们的确可以用研究每个种族的人的方法去证明世界上的人都没有尾巴，可是我们没法证明这个研究团队是否尽职了。据统计，世界上有9800个种族，万一去斯堪的纳维亚半岛的团队对萨米人的证明是错的，岂不是母题就要被质疑了？

不过随着时间的推移，机器证明的定理逐步为学界所接受。2004 年，数学家乔治·龚提尔（Georges Gonthier）进行了可靠性验证，可以理解为对每个步骤都能进行检查，实现了程序检查程序的操作，人们不再担心浑水摸鱼的情况出现。这个方法后来也被大家认可了。

此后，对于已经被机器证明的定理，也依然有大量数学家会继续尝试用更简洁、更极致的方法去证明，这就是更高的学术追求了。

第 10 章

世事一场大梦——“第二次寒冬”

我们对人工智能和大脑运作的了解越多，大脑就显得越令人惊叹。仅仅是考虑到大脑所进行的计算量，就已经非常不可思议了，毕竟它只是几磅重的肉。

——斯图尔特 · 罗素（Stuart Russell）

人工智能领域的专家系统兴起之时，全球都开始关注专家系统，并且投入资金进行研发，早已有军备竞赛的趋势。20 世纪 80 年代初，全球经济增速最快的经济体、民族自信心最强的国家是日本。这是日本二战之后最好的时代，经济迅速发展，日本的索尼、丰田、本田、尼康、松下等品牌迅速占领全球市场。在如此情绪高涨的时代，日本政府也认为，应该出手，大举投入到人工智能军备竞赛中去。

1981 年，日本通产省（Ministry of International Trade and Industry，可以理解为我们的工信部 + 中国科学院），举全国之力，决定颠覆计算机的底层架构，研制跨时代的所谓的“第五代机”。

第五代机的说法主要源于计算机的基础构成，第一代计算机是用电子管制造的，第二代计算机是用晶体管制造的，第三代计算机是用集成电路制造的，第四代计算机则是用超大规模集成电路制造的。而日本的第五代机，不仅要颠覆基础的构造元件，还要让底层的架构发生质变，即颠覆冯·诺伊曼结构，发明传说中的“非冯结构”（non von Neumann Architecture）。在非冯结构中，有一个非常重要的特征，就是让计算机直接具备完全可用的人工智能，如能识别图像、解决复杂的逻辑问题，能使用和处理自然语言。这个在今天看来都很离谱的目标，在当时的日本看来却颇有信心，彼时日本的半导体行业已经处于国际领先地位，打破了很多人的刻板印象。

日本还邀请了外籍专家，比如前文中提到的专家系统鼻祖费根鲍姆。大多数专家都是研究知识和逻辑方向的，也就是符号派的拥趸。

项目组的总负责人是日本最大的电子和计算机研究机构（类似于我们的中国科学院计算所 + 自动化所）的负责人。渕（yuān）一博，时年 46 岁。他提出了一个口号：不招 35 岁以上的人，就要年轻人。渕一博共招募了 40 个他认为的顶级人才，自称“四十浪人”，这个称呼既表现了一种创业的精神，也表达了他们破釜沉舟的决心。对于多数年轻人，也的确如此，他们舍弃了原本的铁饭碗，把自己的前途押在了第五代机上。

美国一看，有些着急，对日本的第五代机十分警惕。美国国会通过法案，即《1984 年国家合作研究法》，再次拿出了早年的姿态：不计短期回报，去投资长期、高风险、高回报的研究项目。美国以此为准则，专门成立了一家公司 MCC（Microelectronics and Computer Technology Corporation，微电子与计算机技术公司），是美国历史上最大的技术研发联盟。MCC 任命的总裁是鲍比·雷·英曼（Bobby Ray Inman），美国前国家安全局局长、中央情报局副局长、海军上将，从背景来看这家公司不像是简单的商业公司，更像是政府机构。

MCC 在创建之初，就注意到了人工智能领域已经有一些学者在做类似的事情。其中，最具代表性的是斯坦福大学的道格拉斯·莱纳特（Douglas Lenat）。莱纳特于 1976 年获得斯坦福大学博士学位。在他博士学位的评审委员会里，就能看到这些人的名字：司马贺、纽厄尔、明斯基、费根鲍姆、布坎南，都是人工智能大师。之后的大部分时间里，莱纳特都在斯坦福大学工作。他在 1983 年组织了一个会议，就是想解决符号派长期以来令人头疼的问题：知识。于是，他提出了一个超大规模数据库的计划，同时这个会议还邀请了麦卡锡、明斯基、纽厄尔等人工智能的创始人和领袖。大家纷纷表示，莱纳特的想法是值得肯定的，但可操作性不高。这个项目真要做起来，怎么也得有几千个人才行。

而此时 MCC 正好有充裕的资金，于是决定支持这一项目。MCC 支持的项目陆续开启，而这个公司也就“寿终正寝”了，一共被拆为 14 家公司。道格拉斯·莱纳特成为其中一家研究知识工程的公司 CEO，其负责的项目被命名为 Cyc，名字取自百科全书（Encyclopedia）中间的三个字母，因此公司名就叫 Cycorp。

Cyc 的目标是什么呢？输入上百万条人类常识，并通过形式语言，开发编程语言 CycL。不仅要输入各种各样的基础知识，比如鱼分为哪些种类等；还要输入各种各样的谓词以及与函数相关的隐含关系，比如 2016 + Meter（米）代表的是 2016 米，2016 + Year（年）代表的则是年份，等等。可想而知，这个项目的复杂程度是超乎想象的，不仅要输入简单的词汇，还要连接所有指代词汇之间的关系，其复杂程度呈指数级上升。如果知识库里有 10 万个词，意味着每个词几乎都跟另外 10 万个词有关系。当然，真实情况下，大部分词汇是没有关联的，但是否有关联以及怎样关联，依然需要人工去筛选和整理。

Cyc 用时整整 10 年，平均每年耗费 1000 个专业人员，才做出了 10 万个术语的知识库。平均下来，也就是一年 1000 个人只能做出 10000 个术语，一年 1 个人只能做出 10 个术语，效率低得离谱。

这个项目是在符号派学者的指导下完成的，对照前文所述我们可以发现，就是在实现司马贺、纽厄尔、麦卡锡他们提出的理论。在巨额资金的支持下，也不能说没有取得成果，Cyc 成功实现了简单的知识推理。比如，所有的树都是植物，所有的植物都会死，那么一棵松树会不会死，机器是能算出来的。虽然简单，但毕竟也是推理所得的，并不是死记硬背的。

后来，Cyc 确实被应用在了一些特殊的领域，比如教育领域，教小学生做算术题；医疗领域，整理制药行业的专业词汇；等等。像 Cyc 这样的知识工程一直存在，比如后来出现的知识图谱，被广泛运用在谷歌、微软 Bing、百度等搜索引擎产品中。Cyc 被认为是最早的知识图谱。

Cyc 作为人工智能领域最重要的，也是当时历史上投入最大的人工智能项目，从创立至今，始终处于争议之中。Cyc 的确创建了一个史上规模最大的知识库，但仅此而已，它没办法自我进化、自我学习，大量的内容仍然要靠人工输入。跟过去的人工智能应用相比，只是堆积了人力，并没有质的突破。有科学家甚至把 Cyc 称为“灾难性的失败”。

在批评的学者里，甚至包括人工智能创始人明斯基，他说：“很不幸，20 世纪 80 年代最受人工智能研究人员欢迎的策略已经走入了死胡同。所谓的‘专家系统’，可以在法律和医学等严格定义的学科领域模仿人类，可以将用户的查询与相关诊断、论文和摘要相匹配，但它无法学习大多数孩子在 3 岁时就已知道的概念。专家系统的构建必须重新开始，因为它没有积累常识性知识。”

Cyc 最早的目标是成为百科全书，它企图实现“莱布尼茨之梦”，但最后却变成了只能给垂直领域使用的知识库，这与研究人员当初设想的结果大相径庭。

Cyc 在当时影响力极大，也承载了很多人的希望。所以在 Cyc 产生争议之后，如何评价 Cyc，成为人工智能领域非常重要的一个课题。从 Cyc 自 20 世纪 90 年代发布后，每年都有不少文章点评 Cyc，其中既包含了反思和迭代，也持续推动了人工智能的进步。

Cyc 对人工智能的贡献有两点：

第一，正如明斯基所说，证明了灌输知识这条路确实走不通。那个年代已经有了机器学习的概念，但是机器学习仍停留在人去教，而不是让机器自己学的阶段。因此，这类机器学习被称为“基于规则的机器学习”。让机器学习真正发挥威力的，是被雪藏多年的连接派，这是后文会聊到的话题。

第二，Cyc 培养的人才被称为后世的中坚力量，Cyc 也成了计算机领域的“黄埔军校”。比如，参与研究 Cyc 的拉玛纳坦·苏古哈，是重要的印度裔计算机专家，他发明了 RSS、RDF 等网络标准。后来，加入苹果、网景公司，目前是谷歌的研究员；贾里德·弗里德曼，Y Combinator 合伙人，美国最大的电子书和文档平台 Scribd 的创始人；斯里尼亚·斯里尼瓦桑，雅虎的第 5 号员工；斯图尔特·罗素，加州大学教授，写了一本书《人工智能》，是全球 135 个国家或地区 1500 多所大学的通用教材；等等。可谓专家云集，人才辈出。

当时，美国投资的很多类似的项目，也都获得了意想不到的成功。比如，国防高级研究计划局（DARPA）资助的计算机公司 Thinking Machines 的创始人丹尼·希利斯（Danny Hillis），他是麻省理工学院的博士，他有两位导师：一位是明斯基，另一位是香农。他也成了计算机和互联网领域的先驱，因为 Thinking Machines 最早推出了商用的并行计算机，当时被称为世界上最快的计算机之一。Thinking Machines 的产品卖给了许多大型实验室和企业。谷歌公司的创始人谢尔盖·布林（Sergey Brin）也是它的早期用户。

丹尼·希利斯的人生非常有趣。他离开 Thinking Machines 后，于 1996 年加入迪士尼，担任迪士尼的幻想工程研发副总裁，深度参与了迪士尼的主题公园、影视剧和消费品业务的开发，设计了新的主题公园和公园里的各种设施。我们今天所熟悉的迪士尼乐园中的很多项目都是由他主持操办的。同时，他还创办了一家智库机构 Applied Minds，帮助别的公司建立大型数据中心，这成了之后行业内大型数据中心的样本。

2005 年，丹尼·希利斯成立了 Metaweb 技术公司，做了一套结构化的知识库，也就是知识图谱。公司被谷歌收购后，成为谷歌搜索引擎的重要组成部分。Metaweb 的首席技术官约翰·詹南德雷亚（John Giannandrea）后来还成了主管谷歌搜索的高级副总裁。丹尼·希利斯在医疗领域也有贡献，一直在研究癌症和蛋白质项目，他自己也是南加州大学医学院教授和工程学院教授，以及南加州大学国家癌症研究所的首席研究员。

2015 年，丹尼·希利斯创立公司 Dark Sky，这是一家天气预报公司。后来苹果公司觉得不错，就把它买了下来。大家若是苹果手机的早期用户，也许能感觉到在那几年，苹果手机的天气应用忽然变得好用了，就是集成了 Dark Sky 的缘故。

对于丹尼·希利斯，最传奇的事情发生在 2013 年，当时苹果公司热火朝天地在跟三星公司打官司，指控三星公司抄袭了苹果公司电子屏幕的多点触控技术，这是智能手机的技术标配。在应用层面，这的确是苹果公司最早推出的产品。官司打到一半，三星公司发现苹果公司也不是首创者。最后一查，发现有一个更早的技术专利，发明人就是丹尼·希利斯。原来这是他之前做别的项目时顺手申请的，于是这场官司就不了了之了。

说回这轮科技军备竞赛，除了美国和日本，英国也投入了3.6亿美元参与其中，后来看形势不对，就立刻叫停了Alvey项目（名字取自英国电信集团的技术总监John Alvey）。欧盟也提出了ESPRIT（European Strategic Programme on Research in Information Technology，欧洲信息技术研究战略方案），并没有显著成果。

那么，对于这轮科技军备竞赛的发起者日本来说，结果又是怎样的呢？

日本政府的大旗虽说举起来了，但投到项目中的真金白银，有些名不符实，预期10年内投入8.5亿美元，看似不少，但相较于IBM实在少得可怜。IBM在当时，一年的研究经费就是15亿美元。所以说，做计算机，并不像做网站、做几个App那么简单，更何况还要从零开始。

在情绪高涨、百花怒放的时候，也出现了不少鱼目混珠、滥竽充数，拿着政府资助的钱，自称人工智能专家、计算机专家的人。很多人跑去写 PPT，全都是纸上谈兵，做的图表一张比一张好看，概念一个比一个高级，遍地讲黑话，到处画大饼。

有人回忆说，项目刚启动时开会，会议记录只有 280 多页，到了 1988 年，会议记录就已经有 1300 多页了，内容庞杂繁复，但没有什么共识。

那么，第五代机最终有没有做出来呢？还真的制造出了第五代机的硬件，可是质量真的不行。咱都不说颠覆第四代机了，比起同时期 IBM 的新款计算机，也差了很多。更不用说，原本设想的通过加入逻辑和知识的结构，让第五代机具备智能了。在这个过程中，逻辑和知识的加入，对计算机计算能力的提升，没有一点帮助。

最后，这个项目在 1994 年草草收场。“四十浪人”的头领渕一博，去了东京大学当老师，两年后退休，没有实现他的理想。1994 年，日本通产省做了一个结案报告，大概的意思是，虽然我们不继续推进了，但是我们的项目还是相对成功的。毕竟我们启发了后人，不算是彻底的失败，这只是科技发展史上一次失败的尝试。这种委婉的说法，并没有被大众接受。第五代机如今已经成了科技发展史上失败的经典案例，到今天为止，都没有任何主流的计算机技术团队提到过得到了第五代机的启发。而这个结案报告，恐怕也只是面子上好看而已了。

如今，我们每个人使用的计算机，包括广义上使用计算机结构的游戏机（如 Switch、PS、Xbox）、新能源汽车的智能车机，都依然还是第四代机，依然还是冯·诺伊曼结构。不过，这并不意味着计算机的底层技术没有迭代和更新。就像前文提到的，在同时期，美国企业发明的并行处理技术成为计算机技术发展的主流，使 CPU 和 GPU 的功耗问题得到了大幅解决。我们所熟悉的，在计算机和手机产品介绍中经常提到的几核处理器，指的就是有几个核心并行的意思。

日本引发的这一轮动荡，对人工智能行业和计算机行业产生了不小的影响，也再次打击了政府等潜在资助方的信心。从 1990 年初到 1993 年底，有 300 多家人工智能公司倒闭或者破产。

从东方吹来的寒风，带来了人工智能的“第二次寒冬”。

第 11 章

国际象棋程序——机器学习

这个重大发现对人类到底是有利的还是有害的，有待证明。

——爱伦·坡（Allan Poe）

我们再次检视一下目前人工智能领域的发展状况，符号派的推理和知识在大型专家系统工程 Cyc 的尝试后，被验证撞到了“南墙”。这个“南墙”如此坚硬，使符号派从此开始没落，直到今天，都没有抬起头了。人工智能领域的学者们，开始纷纷投靠其他学派、研究别的路线。

此时，行为派也就是研究控制论的学者们开始受到更多关注。1990 年，机器人学者罗德尼·布鲁克斯写了一篇论文《大象不下棋》（*Elephants don't Play Chess*），提出机器的认知能力不应该被灌输进去，而应该通过与环境的交互完成。这个说法被称为“具身”（Embody），就是给予身体、具备身体。

罗德尼·布鲁克斯一直贯彻这个理念并进行了相关研究。1990 年他成立了 iRobot 公司，目前是一家市值 12 亿美元的公司，主营业务是研发扫地机器人，同时还有拖地机器人等。在商业和军事领域，iRobot 公司还研发出了能处理危险品如炸药的机器人。不过，我们也可以看出，iRobot 公司研发这样的机器人也是“退而求其次”的选择，既然没法一步到位造出智能机器人，不妨先解决更简单的实际问题。

明斯基在“第二次寒冬”时期，提出了一个新理论，并写了一本书《心智社会》（*The Society of Mind*）。大致的意思是，人类的思维不是只有一个CPU，应该是一大堆CPU，彼此独立，各有各的思考方式和决策规则。而CPU之间，有信息传递和交互行为。这就跟社会的运转一样，人与人之间虽然独立，但又连接成网络，所以叫心智社会。这可能是实现人工智能的一个可行路径。这是他此后很多年来，一直对外宣讲的理论，对后来的学者也有一定的启发。不过，并没有太多实际的成果。

在“第二次寒冬”之中，最值得一提的事情，是1997年深蓝（Deep Blue）的出现。它在中国的知名度也不算低。深蓝是一个下棋程序。既然说到下棋，我们不妨往回追溯。因为下棋这件事，从人工智能创立之初，就是一个延续了几十年的课题，直到如今，都是检验人工智能水平的经典命题，下棋的水平代表着科技进步的程度。

现在，我们回到1769年的德国，发明家肯佩伦男爵（Wolfgang von Kempelen）做出了一个名为“自动机”（Automaton）的装置，可以下国际象棋。自动机与我们今天所说的机器人类似，在当年指的是能自动完成任务的机械装置。肯佩伦给它起名为“土耳其人”（The Turk），因为机器上安装了一个穿着土耳其风格衣服的木头人。

肯佩伦带着这台机器去见了奥匈帝国的特蕾西亚女王，并得到了赞许，随后与“土耳其人”对弈成了整个欧洲贵族的娱乐项目，肯佩伦带着它四处下棋。1804 年，肯佩伦去世，“土耳其人”被卖给了德国发明家马泽尔。1809 年，马泽尔去找当时的法兰西国王拿破仑，与拿破仑对弈。据说，这次下棋拿破仑输了，还恼羞成怒，把牌桌都掀了。此后，“土耳其人”还跟美国国父本杰明·富兰克林下过棋，跟小说家爱伦·坡下过棋，跟英国数学家、发明家巴贝奇下过棋，可以说是“打遍天下无敌手”。

跟他下过棋的很多人都知道，这个机器使用的既不是科学技术，也不是魔法，而是一种设置了某种障眼法的魔术装置。不过，究竟是什么障眼法，很长时间里，都没有得到揭露。经过了大半个世纪，1838 年“土耳其人”被美国费城艺术博物馆收藏，随后在 1854 年的一场大火中被烧毁了。

后世也有很多国际象棋领域的专家参与研究，再加上“土耳其人”最后一个主人的儿子所透露的信息，人们拼凑出的结论就是：这个机器里面藏了人。机器里藏的都是花重金请来的世界顶级国际象棋大师。这个机器设计得十分精巧，为了能让国际象棋大师看得见棋局，棋盘上面的棋子是有磁性的，所以在机器内部也能看到棋局的情况；同时，藏好的国际象棋大师，可以用机械臂控制“土耳其人”，去移动棋子。图中就是人们根据历史资料描述绘制的“土耳其人”铜版雕刻画。

人们根据历史资料描述绘制的“土耳其人”铜版雕刻画

这个非常传奇的下棋机器人，由于其故事所涉及的要素很多，因此常常被改编成文艺作品。爱伦·坡写过一本经典小说《冯·肯佩伦和他的发现》广为流传。1927年，就有人根据这个故事拍摄了一部电影，名为《棋手》（*The Chess Player*）。

在计算机时代到来之前，图灵就曾写过能下国际象棋的程序，可惜当时条件不成熟，没有真实运行过，只在纸上演算过。时间到了1956年，在达特茅斯会议上，塞缪尔写了一个跳棋程序，已经能够战胜一些跳棋大师了。对跳棋的研究还在继续，到了20世纪80年代，加拿大阿尔伯塔大学的计算机系教授舍佛（Jonathan Schaeffer），写了一个跳棋程序Chinook，可谓“打败天下无敌手”。不过，舍佛还不满足，后来通过严谨的证明，他发现在这个跳棋程序中，只要双方不犯错，就总有和棋的方法。这样一来，Chinook就永远不会输。所以，人工智能下跳棋这事算是到头了，没有再研究下去的意义了。

我们前文提过的很多大师，香农、冯·诺伊曼、司马贺、纽厄尔、麦卡锡，全都研究过下棋。其中，冯·诺伊曼发明的博弈论，麦卡锡的阿尔法-贝塔

（α-β）剪枝算法，对人工智能下棋的研究进展贡献非常大。

作为人工智能领域的创始人之一麦卡锡，自己也带队写了一个国际象棋程序，叫作“科托克-麦卡锡”（Kotok-McCarthy），名字中的科托科（Kotok）是他的本科生。科托克-麦卡锡在冷战时期于 1966 年参加了世界上第一次线上对阵。当时还没有互联网，因此所谓的“线上对阵”，指的是用电报指挥国际象棋移动。对方是苏联开发的人工智能下棋程序。大家可能想象不到，那时的线上对阵比线下对阵效率低得多。这次对弈从 1966 年 11 月开始，一直持续到 1967 年 3 月，共下了 4 局。结果是，美国对苏联 1∶3 输了，苏联的国际象棋程序“凯莎”（KAISSA）一战成名。苏联的“凯莎”也成了第一个能跟职业选手打平的国际象棋程序。在这之前，计算机棋手在国际象棋领域跟人类比，都是手下败将。

美国追回面子靠的是 20 世纪 80 年代的两个国际象棋程序，一个叫 Blits，一个叫 Belle。Belle 的发明人是肯·汤姆森（Ken Thompson），他也是 UNIX 系统的发明人。我们今天使用的苹果系统、安卓系统以及各种游戏机和新能源车机的系统，都是UNIX系统的“徒子徒孙”。肯·汤姆森在业余时间做的国际象棋程序，打败了Blits，成为世界上第一个取得国际象棋大师称号的计算机棋手。

孔子的第75代传人中，有一位名叫孔祥重，是中国台湾“中央研究院”院士、美国国家工程院院士、卡内基梅隆大学计算机系主任，他的主要贡献在于提升了计算复杂度和并行计算性能。后来，他去了哈佛大学，还成了谷歌自研芯片TPU的首席架构师，成功实现了脉动阵列。TPU的出现也是人工智能在新世纪发展的重要硬件基础。

孔祥重桃李满天下，有很多学生后来都成了行业翘楚。比如，查尔斯·E.莱瑟森，如果读者中有学习计算机专业的人，想必一定看过《算法导论》这本书，查尔斯·E.莱瑟森就是它的作者。

孔祥重的另外一位学生，来自中国台湾地区的许峰雄。他在读博士的时候，就开始研究计算机下棋了。本来是跟着一位导师做研究，后来他跟这位导师的关系不佳，于是就自己带团队做了起来，他给这个计算机棋手起个了名字叫“芯片测试”（ChipTest）。

ChipTest 后来成为世界上第一个赢得国际象棋特级大师称号的计算机棋手。IBM 一看，觉得不错，说你们毕业以后都来我们公司吧。许峰雄毕业后就真的带着团队一块去了 IBM。当时，IBM 的品牌色是蓝色，因此外号叫“大蓝”（Big Blue），于是许峰雄就把自己的项目名改了，叫“深蓝”（Deep Blue）。

1996 年，在美国计算机协会（ACM）的闭幕式上，组织方安排深蓝跟世界冠军、俄罗斯特级大师卡斯帕罗夫对阵。一共六局，卡斯帕罗夫最终 4∶2 获胜。卡斯帕罗夫第一次对阵深蓝，并公开表示十分震惊。其中，深蓝有几步棋下的水平十分高，犹如上帝之手。

1997 年，历史性的时刻到来，组织方安排卡斯帕罗夫和深蓝再次对阵。这次，卡斯帕罗夫用了一些常用的战术，来干扰对方，尝试走几步很难预料的棋，来影响对方的情绪。可是，这个战术对深蓝这样的计算机程序完全没用。在第二场比赛的第一局第 44 步，深蓝的代码出现了一点问题，陷入了死循环，此后的几步也下得莫名其妙，可能是为了走出这个死循环。而这几步，完全让卡斯帕罗夫摸不着头脑，他自己反而受到了影响，状态一落千丈。对阵结束，卡斯帕罗夫认输，深蓝成了第一个战胜世界冠军的计算机。一战成名，全球震惊。

卡斯帕罗夫与深蓝对阵

不过，从人工智能技术发展的角度来看，是深蓝采用了多么高超的技术吗？并不是。深蓝搭建在一台IBM 大规模并行超级计算机之上，有 30 个 PowerPC 处理器和 480 个定制的国际象棋芯片，与过去的下棋程序一样，读取了大量的比赛数据。在下每步棋时，计算机每秒可以搜索 2 亿个棋局，找到最优办法。深蓝使用的核心算法之一，依然是麦卡锡在 1956 年提出的阿尔法－贝塔（α-β）剪枝算法；使用的机器学习方法，跟塞缪尔在 1956 年写出的跳棋程序，没有本质上的区别。那为何 40 年后却能打败世界冠军呢？主要还是因为计算机的性能变好了，存储量变大了。当然，不可否认深蓝团队确实也额外付出了许多努力。然而，深蓝在人工智能领域，不能算有突破，因为它没有太多底层逻辑上的创新。严格来说，还是符号派的“遗产”。它的里程碑意义在于，在社会舆论中重新产生了影响力，让人们发现，机器的智能水平有进步。

深蓝的成功，也引起了更多人对下棋这件事的探索。当时常见的评论说，国际象棋还是棋局变化较少的，而人的优势是可以处理复杂的棋局，有本事让机器下围棋试试，想必它永远都下不过人。这催生了很多学者和工程师去挑战看似不可能的事，最终确实取得了瞩目的成果，我们后文再说。

深蓝还带来了一个启发，就是既然计算性能已经提升到了很高的门槛，是否可以再把故纸堆里的老方法拿出来试一试，说不定就有奇效了呢？

于是在“第二次寒冬”里，一个老概念再次被提出来，叫“机器学习”，逐步成了人工智能学者们的重要方法。这个概念，司马贺在 1959 年就做了总结：如果某个系统可以从经验中提升自身的能力，这便是学习的过程。当时塞缪尔写出的跳棋程序，就有很基础的自学能力，也算是机器学习的雏形。

通过自身学习得到的结果，与设定规则和逻辑得到的结果，有时看起来结果是一样的，但内在的意义大不相同。前者是机器学习，后者就是编程了。关于机器学习，北京大学的李航老师在《统计学习方法》里提到，它有三个要素：模型、策略、算法。比如，我们教小孩，模型指的是他需要先有大脑，记住学到的东西，知道怎么用；策略指的是考试的评分标准，到底是要他数学好还是语文好，标准不一样；算法指的是学习方法，怎么让他学习，怎么让他下次考试的成绩比这次好，是不断做题，还是不断读书，方法不同。在这三个要素都具备之后，让一个小孩去学习，他就有可能成才，这是机器学习的理念。而编程，则更多的是制造一台机器，它无法产生规则之外的输出。

在 20 世纪 80 年代，机器学习成了一门独立的学科。到了 90 年代，机器学习的理论知识就更加丰富、更加成熟了。有各种新的算法概念被提出，大大提升了机器学习的效果。比如，1960 年被批评是“诈骗项目”的语音研究项目诞生的隐马尔可夫模型，两次“寒冬”过去后，成为语音技术的中坚算法。再比如，1967 年出现的 kNN 算法、1974 年出现的马尔可夫随机场算法、1977 年出现的 EM 算法、1980 年出现的各种决策树算法、1985 年出现的贝叶斯网络、1995 年出现的支持向量机（SVM）和自适应增强（Adaboost）算法，等等。

算法中还出现了“监督”、“非监督”和“半监督”的概念。监督算法，是指要给出明确的监督指示，比如让算法分辨哪封电子邮件是垃圾邮件、哪封邮件不是，针对发来的每封电子邮件，你都要跟算法说明，让它知道，久而久之，它就能够自行判断了。在这个过程中，需要手把手教学。而非监督算法，则是只给出了目标，让算法自行完成。比如，聚类算法就是一种常见的非监督算法。它能将某些物体分类，就像一个小孩子，能大致把物品中的水果分成一类、玩具分成一类、衣服分成一类，这个过程可以不用监督、不需要手把手教。半监督则介于两者之间，会给出一些指导，提供一部分正确的结果，并非全部都让机器学习。

初期的算法，还是沿用了符号派的习惯，更多以制定规则、监督学习的方式进行，而到了 20 世纪 90 年代，基于统计的算法开始成为主流。这个时期，世界科技领域正在发生翻天覆地的变化。所谓的信息时代和互联网时代正在开启，1994 年雅虎公司和网景公司成立，1998 年谷歌公司成立。互联网快速普及，同时也带来了海量的内容。

科学家们过去梦寐以求的人工智能时代，就要来了。

第 12 章
十年寒窗无人问——杰弗里·辛顿

看看过去的预测，比如“世界上只需要五台计算机就够了”，你就会意识到，预测未来并不是一个好主意。

——杰弗里·辛顿（Geoffrey Hinton）

1947 年的一个冬天，杰弗里·辛顿出生于英国伦敦温布尔登。杰弗里·辛顿的家世显赫，可谓书香门第、钟鸣鼎食之家。杰弗里·辛顿是 19 世纪英国数学家、哲学家乔治·布尔的玄孙。乔治·布尔的女儿，也就是杰弗里·辛顿的曾祖母，是爱尔兰小说家，写过一部名著《牛虻》。辛顿家族还有个知名人物，外科医生和作家詹姆斯·辛顿，被认为是伦敦连环杀人案"开膛手杰克"的一个重要嫌疑人。詹姆斯·辛顿的儿子查尔斯·辛顿，是数学家和科幻小说家，他推广了"第四维度"（Fourth Dimension）的概念，描述了"超立方体"（Tesseract），这对后世的科幻作品影响非常大，比如克里斯托弗·诺兰的《星际穿越》就参考了这一描述。

杰弗里·辛顿的堂姐叫琼安·辛顿，是曼哈顿计划中极罕见的女科学家。琼安·辛顿是国际主义者，二战时美国在日本投放原子弹之后，琼安·辛顿立马退出了曼哈顿计划，并长期游说政府把核电技术向国际公开。琼安·辛顿的亲弟弟威廉·辛顿，写过一本书《翻身：中国一个农村的革命纪实》，写的是 1937 年的延安。1948 年，琼安·辛顿来到中国，成为宋庆龄团队的工作人员，参与了共产党的工作，此后一直生活在中国，并起了一个中文名——寒春。后来，她从事过各种各样的工作，比如翻译工作，20 世纪 70 年代后期成为农业机械部的顾问。2004 年，寒春成为首个拿到中华人民共和国外国人永久居留身份证的人。2010 年，她在北京去世，也是一位传奇人物。

总的来说，杰弗里·辛顿的家族，在社会上是很活跃的，属于社会名流。杰弗里·辛顿的爸爸，是英国皇家学会会员、昆虫学家。

可想而知，杰弗里·辛顿在这样的家族中生活，压力确实不小。他在家中的形象，对比而言，可以说是“干啥啥不行”。杰弗里·辛顿的爸爸跟他说：“你只要努努力，加把劲，等到你的年龄是我现在年龄两倍的时候，你就能有我一半的成就了。”这种听起来不是滋味的话，倒也不是他爸爸故意嘲讽他，杰弗里·辛顿在读书时期的状态的确不佳。虽说杰弗里·辛顿考入了剑桥大学，一开始学的是物理学，后来发现数学基础太差，学不下去，一个月后就转去学建筑学了，后来又转去学生理学，结果发现还是要有数学基础，于是又没学下去，退学了。再来上学时学的是哲学，发现哲学也学不下去，就又转去学心理学。反正一路跌跌撞撞，终于拿到了心理学学位，熬到了毕业。毕业之后，他也没有什么雄才大略，干脆回伦敦当木匠了，经营自己的生意。

本来杰弗里·辛顿可以默默无闻地过完这一辈子，但上帝动了动手指。有一天，杰弗里·辛顿读到了唐纳德·赫布（Donald Olding Hebb）的《行为的组织》，里面提到了神经元的基本逻辑。正是这本书启发了罗森布拉特，制造出了感知机，并且发展出了“神经网络”这个概念。杰弗里·辛顿读得如痴如醉，常去图书馆学习，认真做笔记。他做了一年木匠后，经他爸爸介绍，到他爸爸任职的学校上班去了，算是个临时工，参与了一个心理学的短期项目。这个项目做完后，他便有了工作履历，于是就申请去了爱丁堡大学工作。20 世纪 60 至 70 年代正是人工智能成为热点的时候，爱丁堡大学正好有一个英国政府投资的人工智能项目，杰弗里·辛顿终于得偿所愿，开始做自己感兴趣的研究。杰弗里·辛顿后来经常跟别人开玩笑：“在做这个项目期间，同事介绍我的时候都说，这哥们物理学不及格，心理学退学，然后来搞人工智能，主要是因为人工智能没有任何指标要求。我每次都会纠正说，你说错了，我是心理学不及格，物理学退学。这样可以挽回一下我在人工智能领域的声誉。”杰弗里·辛顿经常自嘲，是个很有幽默感的人。

杰弗里·辛顿所在的实验室负责人是克里斯托弗·朗吉特－希金斯（Christopher Longuet-Higgins），他对人工智能也很感兴趣，一开始研究的也是神经网络。有一天，朗吉特－希金斯说，我们不能再研究神经网络了，我们需要换个思路，做符号学研究吧。杰弗里·辛顿十分不解地说，做得好好的，为什么要换呢？朗吉特－希金斯说，你不知道有本书吗，明斯基写的《感知机》。人工智能的行业领袖都说了，研究神经网络是死路一条，我们早点悬崖勒马吧。此处，我们也能深切感受到，明斯基带给神经网络的巨大寒意。

但杰弗里·辛顿并不死心，他是有信仰的。他读大学时选择的专业，无论是物理学、心理学还是哲学，都是围绕大脑的，而做人工智能也是为了研究大脑的能力，这是他毕生的追求，不能因为明斯基的一本书，说不做了，就不做了。身边的朋友都劝杰弗里·辛顿：神经网络压根就是个伪命题，你不如去做一些更有前途的研究。杰弗里·辛顿没有听进去。他自己也仔细研读过《感知机》，认为这本书只是有针对性地批判罗森布拉特，并没有完全否认神经网络的路线。书中提到的问题，如隐层问题，未来肯定能得到解决。

不过杰弗里·辛顿还是面临了两个困难。

第一个是杰弗里·辛顿数学不好。所以每次提出一个想法，他都会先假设数学上应该是成立的，再找一些数学好的人帮忙计算，过程比较艰辛，也会反复折腾。

第二个是此时人工智能的“第一次寒冬”将至，政府或机构对人工智能的资助在全球范围内几乎都消失了。杰弗里·辛顿也无能为力。身处“寒冬”之中，杰弗里·辛顿的爸爸也于1977年去世。杰弗里·辛顿半开玩笑地说：“还没等到给他看看我有多成功，这家伙就死了。而且，他还是死于一个有高度遗传性的癌症。他做的最后一件事，就是增加了我的死亡概率。”

在“第一次寒冬”中，杰弗里·辛顿开展研究特别艰难，投了几份简历，连面试的机会都没有。他考虑，要不要去美国，那里的工作机会可能还多一点。刚提到的实验室负责人朗吉特－希金斯，虽说两个人在学术研究上意见不合，但他跟杰弗里·辛顿的私交很好，也很认同他。1975 年，他给杰弗里·辛顿颁发了人工智能博士学位。

杰弗里·辛顿作为人工智能专家，来到了加州大学圣迭戈分校。到了那儿之后他惊喜地发现，还有不少在研究神经网络的同道中人。只不过，在明斯基及符号派的打压之下，这些人尽量避开“神经网络”这个概念，他们自称是“并行分布式处理学习小组”，简称 PDP（Parallel Distributed Processing）。

加州大学的一个教授叫鲁梅尔哈特（Rumelhart），他跟杰弗里·辛顿讲述了自己的最新发现。他认为，神经元在系统里的权重都是平均的，这一说法是不合理的。在罗森布拉特的感知机里，每一个像素点和不同的数字是有关联的，图形出现在哪些像素点，人们就能通过它们的关系对数字做出判断。但是在感知机中，像素点与像素点的权重是相同的。鲁梅尔哈特认为，不同像素点的权重应该也不一样，不是平均的。比如一个数字图形，其中间位置的像素点肯定要比周围边边角角的像素点重要。权重做了调整后，准确度自然就提升了。

与此同时，鲁梅尔哈特还发明了一种方法，叫作反向传播算法（Backpropagation Algorithm，也被称为 BP 算法）。他巧妙地用数学中微分的方法，反向传播时不但让神经元传递信息，还能加上权重。杰弗里·辛顿敏锐地发现，从数学的角度来看，如果把初始权重设为 0，系统经过几轮迭代之后，所有的权重又会重新变得平均。鲁梅尔哈特提出，如果初始权重不是 0，而是随机的呢？杰弗里·辛顿听后十分震惊。1985 年，鲁梅尔哈特将此观点写成了论文，并在 1986 年将实验成果发表在《自然》杂志中，并迅速被大量引用，成为当时算法领域的热点事件，也重新引起不少对沉寂已久的连接派的关注。杰弗里·辛顿跟鲁梅尔哈特一起做了实验，否定了明斯基在《感知机》里提到的最重要的判断——多层网络不成立。

杰弗里·辛顿还遇到了另一个神经网络的地下爱好者，毕竟那时在公开场合不宜多谈神经网络。此人就是普林斯顿大学生物系博士后——特伦斯·谢诺夫斯基（Terrence Sejnowski）。1985年，杰弗里·辛顿跟谢诺夫斯基成功发明了玻尔兹曼机（Boltzmann Machine），这是一个随机过程可生成的霍普菲尔德神经网络（Hopfield Network）。

霍普菲尔德神经网络是约翰·霍普菲尔德（John Hopfield）的开创性成果。作为物理学家和生物学家，他从生物学的记忆研究中得到启发，提出了一种新的网络模式，用以做模式识别和记忆存储。这种网络模式可以简单理解为，不同的神经元都对要识别的对象有“看法”，也有各自的“记忆”，而最终共同的结论，是由大量神经元的共同看法决定的，不同神经元之间，也会有相互的影响和碰撞。这样的网络模式，很接近人类记忆的模式——我们对一部电影的记忆，并不是完整的，而是片段性的，可能是场景，也可能是人物，还可能是音乐。因此，整个网络就得以动态地记录信息、做出决策。

玻尔兹曼机则进一步做了迭代，它的核心方法是，把计算机想象成一个非常聪明的猜谜游戏玩家，它尝试通过不断的猜测和调整找出最合适的答案。比如，猜1到100之间的一个数字。每次猜一个数字，游戏主持人就会提醒它这次猜测的准确率是高了、低了还是正好。玩家的目标是尽可能用最少的次数找到这个数字。玻尔兹曼机在进行猜测时会考虑所有可能的答案，但它不是随机挑选的，而是根据之前的猜测和反馈来调整自己下一次的猜测结果，试图找到最有可能正确的答案。比如，如果它知道答案比 50 大，那么它下一次猜的数字就会比 50 大。玻尔兹曼机像一个训练有素的、有策略的、能够从错误中学习并不断调整策略的猜谜高手，它通过不断的尝试和调整来找到最佳解决方案。

玻尔兹曼机的名字，取自物理学家玻尔兹曼一个百年前的理论，即加热气体中的粒子会趋于平衡。这是一个很形象的借用。

反向传播、霍普菲尔德网络和玻尔兹曼机引发了广泛的讨论，神经网络的爱好者们纷纷再次产生了热情。可惜，福祸双至，到了 20 世纪 80 年代，人工智能的“第二次寒冬”到来了。这次是“武器”有了，却没有“仗”可以打。

在“第二次寒冬”中，杰弗里·辛顿来到了卡内基梅隆大学，跟随人工智能的创始人之一纽厄尔做研究。在这里工作有个好处——离霍普金斯大学近，这是谢诺夫斯基任职的学校。他们每周末都会见面，讨论和研究他们的玻尔兹曼机。

在此期间，除了杰弗里·辛顿参与的这两个算法的发明，在卡内基梅隆大学也有促进连接派复兴的好消息传来。卡内基梅隆大学一直在做自动驾驶的研究，卡车上安装了一个超级计算机，计算性能要比商用计算机高出 100 倍。最初使用的算法，是主流的方法，属于符号派的“遗产”。1987 年，有一个年轻的博士，决定把以前的代码全部删掉，重新采用鲁梅尔哈特和杰弗里·辛顿发明的神经网络算法。

这次尝试远超预期，卡车明显智能了不少。这辆车只有一个摄像头，最初只能缓慢移动，很快就迭代到可以加速行驶。卡车常常在卡内基梅隆大学校园里自己行驶，车上贴着一行字：“里面没人”。到了 1990 年，这辆车已经达到了 70 千米 / 时的速度。在 1991 年的一个早晨，这辆车以 60 千米 / 时的速度一路从匹兹堡开到了宾夕法尼亚州的伊利市，差不多是 200 千米的距离，这让整个人工智能领域都大受震撼。

这个系统被称为“ALVINN”（Autonomous Land

Vehicle In a Neural Network），即基于神经网络的自动陆地车辆。说起来，还有点感动，“神经网络”这个概念终于可以重见天日了。从明斯基 1962 年出版的《感知机》“雪藏”神经网络，到 1991 年神经网络再度震惊人工智能领域，过去了 29 年。

此时，人工智能的“第二次寒冬”还在持续，美国学术界的研究主要依赖国防部的资助。一方面，杰弗里·辛顿想找更多的机会；另一方面，他从个人价值观上，也不太愿意拿军方的钱。2004 年，杰弗里·辛顿向加拿大政府申请了一笔 50 万美元的经费，虽说不多，但对他的研究来说足够了。于是，杰弗里·辛顿到了加拿大多伦多大学，安顿了下来。这个当时看似不起眼的决策，后来彻底改变了人工智能地理意义上的研究中心，让多伦多成为人工智能领域的“耶路撒冷”。这么看，加拿大政府花费的这 50 万美元，是真的很值。

杰弗里·辛顿从 20 世纪 70 年代初，开始研究人工智能，到如今 50 多年过去了，他已经成为研究神经网络的大师，在连接派中最有影响力。不过，目前整个科学界还没有认同神经网络。研究神经网络的，大多是各个高校和企业的爱好者，他们也往往不是美国人。本来就在顶级大学的、有很好的资源的人，一般都有重要的项目可做，没必要研究神经网络。

真正的转折点，是杰弗里·辛顿到加拿大后又过了 8 年的 2012 年。由知名人工智能专家李飞飞组织举办的 ImageNet 图像识别竞赛开幕，这是全世界产、学、研三方都密切关注的比赛，其比赛的结果，是人工智能领域的顶级的研究成果。

2012 年，一个大家很陌生的名字出现了，叫作 AlexNet，从加拿大而来。这次的比赛结果是，AlexNet 一举夺冠，而且比第二名超出了 10% 的准确率。而第二名到第四名之间差距不到 1%，前两届的冠军每次比往届冠军也只差 1% 左右。

就在大家试图从传统算法的成果中再“压榨”一点点东西出来的时候，杰弗里·辛顿说，还是我来吧。

杰弗里·辛顿用了 30 多年的时间证明他是对的，神经网络才是人工智能的未来。从此之后，不仅仅是 ImageNet 图像识别竞赛，整个人工智能领域都变了天。到目前为止，我们使用的几乎所有的人工智能相关的底层逻辑，全部源自杰弗里·辛顿的方法，从自动驾驶到 AlphaGo，从抖音、淘宝的个性化推荐到 ChatGPT，都算是他的方法的延续。杰弗里·辛顿带出来的学生，迅速成了全球企业疯抢的对象，目前几乎全都身居要职。

介绍 AlexNet 系统的那篇论文，也成了计算机和人工智能发展史上最重要的论文之一，被引用了 6 万多次。杰弗里·辛顿经常跟别人说："这篇论文的引用次数，比我爸写过的每一篇论文都要多 5.9 万次。不过，也不会有人去数啦。"

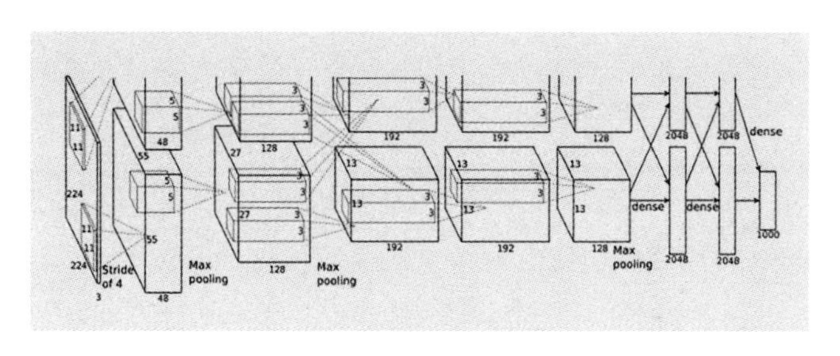

AlexNet 系统结构示意图

第 13 章
神经网络的“火种”

意识是一个定义不清的概念。一些哲学家、神经科学家和认知科学家，认为它只是一种幻觉，我也认同这种观点。

——杨立昆（Yann LeCun）

在这两次“寒冬”之中，神经网络的坚持者不止杰弗里·辛顿一个，还有很多个，他们也为日后连接派的重新崛起立下了汗马功劳，本章我们就讲述一下他们的故事。

杨立昆

1960 年夏天，杨立昆（Yann LeCun）出生了，他出生在法国巴黎郊区的 Soisy-sous-Montmorency。哪怕是在法国，Yann LeCun 也不是个常见的名字，这个名字源于凯尔特语，意思是好人。“杨立昆”这三个字，是他自己起的中文名，跟司马贺一样。

1983 年，杨立昆从巴黎高等电子工程师学校（ESIEE）的工程专业毕业。读大学的时候，杨立昆听说了一个概念——感知机，并对此产生了浓厚的兴趣。20 世纪 80 年代是人工智能的“寒冬”，连符号派都抬不起头，更何况神经网络。杨立昆翻看了很多神经网络方面的论文，发现几乎所有的论文都是日本人写的。当时人工智能的主流学者们，压根都不碰神经网络。不过，杨立昆对人工智能充满了热情，特别喜欢看科幻电影《2001 太空漫游》，很喜欢里面的机器人“HAL 9000”，这是他在人工智能领域工作的动力。多年以后，他将会有一个属于自己的全球领先的科研工作室，一张《2001 太空漫游》的电影海报就张贴在他工作室的墙上。

1985 年，有一个计算机领域的学术交流会在巴黎举行，在会上，杨立昆发现有个美国学者也在研究神经网络，顿时来了精神——原来在美国本土，也有同路人啊。这个人在台上滔滔不绝地讲他新的发明——玻尔兹曼机。这个人就是杰弗里·辛顿。

杰弗里·辛顿演讲结束后，杨立昆马上跑出去找他，但当时人太多了，根本找不到。没想到，这时杰弗里·辛顿也在问旁边的工作人员："你们认识巴黎的杨立昆吗？"杨立昆是杰弗里·辛顿的老搭档也是共同发明玻尔兹曼机的谢诺夫斯基推荐的。两个人终于见了面，算是双向奔赴吧，令人感动。

第二天，杰弗里·辛顿和杨立昆见面吃饭。这时，他才发现，杨立昆的英语欠佳，而杰弗里·辛顿是一点儿都不懂法语。但是奇妙之处就在于，这两个人都是神经网络的"发烧友"，对感知机和连接派都格外熟悉，手舞足蹈地比画着交流，居然也能相谈甚欢。杨立昆后来回忆道，我们说的实际上是"相同的语言”。

两年后，杰弗里·辛顿加入了杨立昆的论文委员会，特地从美国飞到巴黎，参加他的论文答辩。论文答辩的时候，杰弗里·辛顿说英文，杨立昆用法语回答，二人配合得非常好。杰弗里·辛顿虽然几乎听不懂，但答辩还是顺利通过了。

杨立昆博士毕业后，没有多想，就去了多伦多大学，跟随杰弗里·辛顿攻读博士后。这个博士后学位不是谁都能读的，曾经有个叫迈克尔·乔丹的，想申请杰弗里·辛顿的博士后，结果就失败了。迈克尔·乔丹后来也成了机器学习领域的大师。

在攻读博士后期间，杨立昆接触到了日本计算机科学家福岛邦彦提出的一个概念。福岛邦彦出生于 1936 年，在 1980 年提出了“认知机”（Cognitron）的概念。其中，他运用了分层和神经元抑制的方法，模拟人类视觉系统的工作原理。为了便于读者理解，我举个例子，假设你在看一幅画，这幅画上有一个苹果。大脑会把视觉信号通过分层的处理方法，逐步提取出苹果的形状、颜色和纹理等特征，这些特征是分别提取的，而不是一坨糨糊。认知机也是这样的，分为多个层次，每个层次都有若干个神经元。听起来好像跟之前的神经网络类似。不过，认知机各个层次的功能不一样，第一层主要负责接收原始数据（如图像），并将这些数据传递给下一层。随着数据在层次结构中的传递，每一层都会对数据进行更加抽象的表示，最终识别出图像中的物体。在这个过程中，每个神经元都只关注特定的局部特征，比如有的关注边缘，有的关注轮廓，有的关注颜色，等等。认知机还采用了一种名为“抑制”（Inhibition）的机制。在这种机制下，某些神经元会抑制其他神经元的活动，从而突出最重要的特征。比如，在识别苹果时，苹果的轮廓和红色部分可能是最重要的特征，而背景中的颜色和纹理则会被抑制。这样神经网络识别的成本就降低了，主次也更加分明。

杨立昆发现这个方法之后，如获至宝，并在此基础上做了优化。他优化的部分，严谨地说有几个：采用了局部连接，降低计算复杂度，通过权重共享降低过拟合的风险，提高泛化能力，通过卷积对平移、缩放和旋转等保持不变性，通过非线性激活函数，捕捉特征，通过池化操作在池化层里减少参数数量，提升鲁棒性，引入跳层连接，训练更深层次的网络，所以它能通过梯度下降，优化算法，自动学习。听到这里，如果不熟悉机器学习的人，估计已经蒙了，此处也很难展开解释，需要有更多机器学习的相关知识作为铺垫。大家需要知道的是，这与罗森布拉特时代的感知机相比，性能上已经有了巨大的提升，在图像识别方面，不仅能识别数字，还能识别复杂的图像特征。过去是一个像素点一个像素点地“看”，现在变成了一块区域一块区域地“看”，跟人类看轮廓、看形状、看材质类似，机器也能学习事物的特征。主要区别就在于，机器总结的这些特征是不可解释的，是无法追溯的，机器在识别特征时，并没有轮廓、形状、材质等这些概念。

杨立昆的优化非常成功，他使用了一个概念“卷积”，这是他新方法的核心，因此这个方法就叫 CNN（Convolutional Neural Network，卷积神经网络）。方法虽有，但是训练神经网络模型还需要有高性能的机器。杨立昆在多伦多大学工作时，想用机器还得排队申请，太麻烦了，于是杨立昆就把这个项目带到了贝尔实验室。这里，有机器专门给他用，贝尔实验室作为商业机构，也拥有很多真实的数据。过了几周，杨立昆开发出了一个可以识别手写数字的系统。果然如他所料，准确度一骑绝尘。

这个系统并没有只放在实验中，而是被贝尔实验室的母公司 AT&T（美国电话电报公司）制造出了产品，投入使用。不仅在 AT&T，这个系统还被卖到了银行，用来识别支票。有一段时间，美国有 10% 以上的支票都是杨立昆研发的系统识别的，算是实现了巨大的商业成功。后来，因为 AT&T 被分拆，做这块业务的子公司也被拆得七零八落。这次动荡之后，这个项目的资金受到影响，也就没有再做大做强了。

这段时间，差不多是第五代机失败后的一段时间，业界弥漫的还是人工智能不行、神经网络更不行的说法。杰弗里·辛顿投稿时，有的杂志甚至明确告知他，给神经网络方面预留的版面只有一篇，今年已经收过一篇了，你这篇，等明年吧，对神经网络的学者们极其苛刻。就连杨立昆的这一重要方法 CNN（卷积神经网络）也只能说成 CN（卷积网络），避免出现“神经”这个词。只有这样，他的论文才得以发表。

杨立昆与杰弗里·辛顿一样，继续处于边缘化的状态。不过，他并没有放弃，还是坚定的神经网络支持者。他手里攥着“火种”，在等待机会，等待春天。

特伦斯·谢诺夫斯基

特伦斯·谢诺夫斯基（Terrence Sejnowski）1947年出生于美国，是杰弗里·辛顿的亲密战友，也是人工智能发展史上最重要的科学家之一。他是加州大学圣迭戈分校的教授，主要研究方向有神经科学、心理学、认知科学、计算机科学等，美国“四院”（美国国家科学院、美国国家医学院、美国国家工程院、美国艺术与科学院）院士，能够成为“四院”院士的科学家可谓凤毛麟角。

前文我们已经提到过了，谢诺夫斯基与杰弗里·辛顿共同发明了玻尔兹曼机，对早期神经网络的发展有很大贡献。

谢诺夫斯基在1988年左右开发出了NETtalk，一个可以将文字转成语音的工具，并且可以现场学习。这跟早年罗森布拉特的感知机一样，具备现场演示的强大威力。谢诺夫斯基带着他的工具，到了电视节目《今日秀》（*The Today Show*）现场，在电视机已经走进千家万户的美国，让无数观众看到了NETtalk的真实水平。

神经网络的运行机制是系统的不断迭代，也就是输入一些初始参数，让系统不断在迭代中进行修正，接近我们要求它实现的效果。于是，对观众来说，他们就像看到一个小孩子在学习说话一样，从咿咿呀呀的无意义发音，到逐渐清晰的表达，直观体现了“学习”的过程。这一亮相使人工智能再次进入公众的视野。

谢诺夫斯基还做过一件很出名的事，也许这件事只在人工智能圈内出名，但很值得一提，那就是他曾经正面挑战明斯基。前文反复提到过，对人工智能圈子来说，大家都认为明斯基是导致连接派濒死的第一负责人。2006年，在达特茅斯会议50周年纪念庆典中，作为当年会议的组织者之一、人工智能创始人之一，明斯基在台上演讲，演讲后，谢诺夫斯基直接站起来发问：“你知道吗？在我们眼里，就是你，大大阻碍了神经网络的发展，你就是魔鬼。”怼完后，不顾现场的尴尬氛围，他继续追问明斯基：“你是魔鬼吗？”明斯基没有正面回答，而是礼貌性地解释了一下神经网络还存在局限性，无非是为自己当年的行为做辩护。谢诺夫斯基听后，根本不买账，反而继续追问："你是魔鬼吗？"明斯基生气地回了一句："是，我是。行了吧？"

约书亚·本吉奥

约书亚·本吉奥（Yoshua Bengio）1964 年出生于法国巴黎，后来移民到加拿大，从麻省理工学院毕业，师从机器学习的先驱迈克尔·乔丹。约书亚·本吉奥到贝尔实验室做博士后，后来在加拿大蒙特利尔大学任教。他在神经网络方面的贡献非常大，提出了非监督学习的自编码器，对长短期记忆网络（LSTM）做了优化，对生成对抗网络（GANs）做了很多创新，等等。本吉奥作为神经网络研究领域的大师，特点是做学问非常扎实，在理论上他并没有很新的、很令人拍案叫绝的成果，但他有"妙手回春"的本事。旧的算法和方法在他手中经过改造和优化以后，效果就截然不同，焕发新的活力。虽然当时蒙特利尔大学在北美地区的排名在第 150 位以后，但吸引了很多人工智能学者前去，都是由于他的影响力太大了。

伊恩·古德费洛

伊恩·古德费洛（Ian Goodfellow）是一名曾经申请攻读约书亚·本吉奥硕士的学生。当时，他拿到了斯坦福大学、加州大学伯克利分校和蒙特利尔大学的录取通知书。一般来说，要选择哪个学校显而易见，就如同你拿了清华、北大和一家普通 211 大学的录取通知书。然而，古德费洛执意要去蒙特利尔大学，身边的朋友，甚至在蒙特利尔大学读书的朋友，都劝他不要来这里。最后，他还是因为本吉奥，来到了加拿大。

2014 年，古德费洛快毕业了，课业相对比较轻松，他没事就会去酒吧喝酒，跟实验室的一些同事们聊聊天。有一天，有人说到神经网络现在可以识别图像，那么是不是存在一种可能，将这个神经网络逆向操作，就能生成图像了。古德费洛对这个想法产生了浓烈的兴趣，他还真的想出了一个方法——打造一个能从另一个神经网络中进行学习的神经网络。具体而言，就是第一个神经网络创建一个图像，试图欺骗第二个神经网络，让它以为这个图像是真实存在的照片，这也是生成图像的目的——以假乱真；而第二个神经网络则像一个严格的考官，会设法指出第一个神经网络创建图像过程中错误的地方，直到挑不出毛病来。在这个过程中，第一个神经网络和第二个神经网络会不断博弈、对抗，逐渐让图像接近真实。同事们都吐槽说，你确实喝多了，还是少喝点酒吧。但古德费洛回到公寓，按捺不住自己的兴奋，在自己的配置和性能并不算高的笔记本电脑上写了一些代码，用几百张照片训练，试图创建他想象中的这种图像生成系统，结果发现效果真的不错。于是，古德费洛就把这个方法写进了论文里。正是这篇论文，让古德费洛成了生成对抗网络之父。在扩散模型（Diffusion Model）出现之前，生成对抗网络一直是 AI 绘图主流的算法，曾经在 2018 年至 2020 年比较流行的 Deepfakes，一种可以换脸的技术，底层逻辑用的就是生成对抗网络算法。杨立昆在 2016 年曾说过：“生成对抗网络是过去 20 年深度学习领域中最酷的想法。”据说杰弗里·辛顿听了之后，还算了算年份，确信杨立昆说的过去 20 年不包含自己最引以为傲的发明的那段时间，这才放心地表示：“没错，杨立昆说得对。”

2021 年用生成对抗网络生成的一张人像

吴恩达

吴恩达（Andrew Ng）1976 年出生于英国伦敦。名字看似是中国人，实际上他也确实是中国人。吴恩达的父母都是香港移民，他自小在中国香港和新加坡两地都待过，在新加坡读书。1997 年，吴恩达从卡内基梅隆大学本科毕业后，去了麻省理工学院攻读硕士学位，后又去了加州大学伯克利分校攻读博士学位。2002 年，吴恩达博士毕业时，他的导师正是迈克尔·乔丹，所以吴恩达相当于是本吉奥的师弟。同年，吴恩达开始在斯坦福大学任教。

吴恩达作为人工智能的爱好者，经历似乎与前文提到的几位差不多，但考虑到他在斯坦福大学任教，事情就没那么简单了。当时，神经网络“地下爱好者”基本都在国外，如加拿大、日本、欧洲。杰弗里·辛顿是英国人、杨立昆和本吉奥是法国人，都不是从美国成长起来的学者，同时也都在加拿大工作，都被排挤在人工智能的主流圈之外。斯坦福大学作为人工智能的三大圣地之一，对神经网络并无好感。而吴恩达就像正规军里的“叛徒”，自从他花心思研究了一下杰弗里·辛顿的方法和成果，就坚定地转移了方向，之后再也没换过。在同事们看来，吴恩达是名门正派的弟子，却突然说自己要练“九阴真经”；不光自己练，还天天在各种研讨会上宣扬“九阴真经”有多好。当时，人工智能领域有一位顶级专家，名叫吉腾德拉·马利克（Jitendra Malik），在吴恩达的一次演讲中忍不住站起来怒斥道：“吴恩达说的都是歪门邪道，没有任何证据，也没有什么道理。”而吴恩达的确没有任何证据，你要问为什么，可能就是信仰。

星星之火，在“火种”持有者的坚持下，不仅没有被“寒冬”熄灭，反而大有燎原之势。而燎原的中心地带，自然还是杰弗里·辛顿的多伦多大学。

那时杰弗里·辛顿每年的研究经费只有40万美元，但还是坚持一年举办两场关于神经网络的研讨会，这就是从1987年开始在加拿大举办的NeruIPS（神经信息处理系统大会，原来的缩写为NIPS，后由于这个缩写含义不雅，就改成了NeruIPS）。在这个大会上，吴恩达、杨立昆、本吉奥等神经网络大师们，群贤毕至。

在这个大会上，杰弗里·辛顿当仁不让，很好地把握了宣传神经网络的机会。2006年，NeruIPS大会在温哥华举行，正值杰弗里·辛顿60岁生日。神经网络教父在会上高调宣布，他们正在研究的这些课题，以前叫什么，不重要，以后他们就把它叫作“深度学习”（Deep Learning）。

深度学习到底是什么呢？可能很多读者听说过这个词，它与机器学习看似是“近亲”，与神经网络又有点“暧昧”，与感知机也“若即若离”，又像是什么都能装得下的“大筐”。其实直白点说，深度学习指的就是多层神经网络（Multilayer Neural Network）。而神经网络，几乎从罗森布拉特时代就不存在单层的应用了，因此，如今的神经网络基本上都可以称为深度学习。同时，深度学习又暗指比起普通的机器学习，它更加有“深度”，也体现了一种超越感。从此，神经网络被深度学习这一概念所替代，成为人工智能领域乃至几乎所有科技领域最成功的“营销”案例，也给连接派的“复辟”重新确立了“国号”。

杰弗里·辛顿说要有深度学习，于是，就有了深度学习。

第 14 章

人工智能升堂入室

如果能收集到真正的大型数据集，算法就不那么重要了。

——吴恩达（Andrew Ng）

在前文里我们提到过，人工智能过往的资助主要来自军方和政府。而新世纪到来，科技的发展催生了大量科技巨头，硅谷的科技公司崛起，苹果、亚马逊、微软等各领风骚，自然而然地，资金也会流入科研领域，乃至人工智能的圈子。最先行动的是斯坦福大学。斯坦福大学被认为是硅谷人才的摇篮，有不少创业者都从斯坦福大学毕业（或者辍学）。

于是，在2010年，斯坦福大学的深度学习大师吴恩达，就约到了一位年少成名、如今已是全球科技巨星的人——拉里·佩奇（Larry Page）吃饭。

吴恩达为这次见面准备了很多资料，来讲述他正在做的科研项目。他介绍说，未来的深度学习，不仅仅是做图像识别、机器翻译，未来的深度学习必然会走向通用人工智能（Artificial General Intelligence，AGI）。他还给这个项目起名叫“马文项目”（Project Marvin），以纪念人工智能的创始人之一马文·明斯基。

2011年，吴恩达如愿以偿，他的项目得到了批准，于是他也加入谷歌工作，组建实验室。去企业工作后，吴恩达先去拜访了有名望的人。他第一个拜访的，就是负责谷歌最核心业务“谷歌搜索”的负责人阿密特·辛格哈尔（Amit Singhal）。吴恩达说，搜索引擎与人工智能结合很有价值，未来，用户可以直接问问题，不用再输入关键词了，在交谈中就能得到想要的东西。熟悉人工智能目前发展状态的读者听到这些是不是很耳熟，这正是今天在微软的搜索引擎 Bing 等产品上已经实现的功能。

在十几年前，这可能过于超前了，辛格哈尔斩钉截铁地说，用户并不想问问题，用户就想输入关键词。一句话把吴恩达噎到无言以对。吴恩达其他的拜访之旅也不顺利，连续吃了几次闭门羹，图像搜索、视频搜索等业务部门的负责人，也都不愿意跟他合作。谷歌是一个大企业，如果没有业务部门跟他合作，他的研究将会困难重重。一方面，很难跟老板们解释科研的价值，即是否能够“落地”到业务上；另一方面，对深度学习来说，很需要数据，也很需要用户，若没有这些，真是举步维艰。

拜访来拜访去，他们聊到了一个人，叫杰夫·迪恩（Jeff Dean）。这位在程序员领域可谓大名鼎鼎，是最出名的程序员之一。他在 1999 年就加入了谷歌团队，彼时谷歌只有 20 个人。在早期，杰夫·迪恩是创始人佩奇和布林之外最重要的工程师，他解决了很多谷歌早期的重要技术难题，包括爬虫、索引、查询、广告系统的搭建、分布式结构等。他还带队开发出了 MapReduce 架构，这是在全球科技领域流行的大数据处理模型。

在谷歌公司有许多关于杰夫·迪恩的传说，有的一听就知道是谣言，但程序员们却乐此不疲。

杰夫·迪恩作为谷歌的传奇人物、功勋员工，对吴恩达的项目表示很感兴趣。他自己在读本科的时候，就曾接触过神经网络算法。于是二人一拍即合，项目也热火朝天地做了起来。2012 年，他成功发表了一篇论文《*Building high-level features using large scale unsupervised learning*》。这篇论文后来就被称为“小猫论文”（Cat Paper）。在《纽约时报》，吴恩达公布了这个项目的照片，这也成为人工智能发展史上的一张经典照片。

从 1957 年罗森布拉特制造出能识别数字的感知机，到如今能识别复杂得多的猫脸，55 年已经过去了，其底层逻辑依然是神经网络。

“小猫项目”成功后，吴恩达团队算是能够在公司里站住脚了。吴恩达团队本来是在谷歌的 X 实验室探索和孵化项目，现在则成立了一个部门，就叫“谷歌大脑”（Google Brain）。不过，吴恩达作为谷歌大脑之父，把台子搭起来后，就决定先撤了，准备投身互联网教育。于是，他创业开了一家在线教育公司 Coursera，也就是几年前在国内比较流行的慕课教育（Massive Open Online Course，MOOC）。Coursera 的课程内容质量极高，我当年就学习了机器学习课程，并顺利拿到了斯坦福大学的在线结业证书，很有收获。可以说，这些是我理解人工智能算法的重要基础。课程的难度不大，深入浅出，可以看到 Coursera 团队确实用心了。

言归正传，吴恩达的确打响了企业界砸钱做人工智能的第一枪。那么他撤了，谁来接手呢？吴恩达说，我推荐一个人，他虽在冰天雪地的地方，却有着全球性的号召力。此人正是深度学习的领袖——杰弗里·辛顿。谷歌公司听从了他的建议，特地去邀请 64 岁高龄的杰弗里·辛顿。杰弗里·辛顿说，我没兴趣，我在加拿大这边过得挺舒服的。我是终身教授，享受舒适的半退休生活，身边围绕着各种青年才俊，日常也能举办各种学术研究活动，很惬意，没必要去企业工作。

谷歌公司还很有诚意地邀请了杰弗里·辛顿到公司拜访，游历了园区，杰弗里·辛顿虽没有心动，但看见了不少在园区里积极工作的创业者。他们的公司都被谷歌收购了。这在杰弗里·辛顿的心里埋下了一个种子：原来把公司卖掉是件如此开心的事情，很有意思。

杰弗里·辛顿回到加拿大后，就着手准备成立公司。要证明这家公司的水平，就得先亮个相。怎么亮相呢？那就去参加 ImageNet 图像识别竞赛，这是斯坦福大学人工智能专家李飞飞举办的一场比赛，从一个大型数据库中识别出各种动物、物品等复杂图像，是人工智能图像识别领域最重要的比赛。这就是前文所说的杰弗里·辛顿一战成名的比赛。他当时带了两个学生参加，另一个叫伊利亚·萨特斯基弗（Ilya Sutskever），一个叫亚历克斯·克里哲夫斯基（Alex Krizhevsky），听名字就知道，他们两个应该都是外国人。萨特斯基弗是俄罗斯裔，克里哲夫斯基是乌克兰裔，他们都在苏联出生，辗转来到了加拿大。

萨特斯基弗跟杰弗里·辛顿认识的经过也广为流传。萨特斯基弗还在读本科的时候，就直接去敲深度学习教父杰弗里·辛顿的门，进门就说，你们实验室的人，算我一个。杰弗里·辛顿说，你谁啊？为什么不跟我约个时间见面？萨特斯基弗说，好的。那我跟你约时间。现在，可以吗？杰弗里·辛顿并没有把虎头虎脑的萨特斯基弗赶走，而是在简单了解之后，发现他是数学系的学生，正好有用武之地。前文我们提到过，杰弗里·辛顿的数学不太好。于是，杰弗里·辛顿就给了他一篇有关反向传播的论文让他看。过了几天，萨特斯基弗回来说，我不明白。杰弗里·辛顿心里一凉，说这不就是微积分吗？怎么会不明白？萨特斯基弗说，我不明白的是，为什么不求导并引入一个函数优化器啊？这不是有点蠢吗？杰弗里·辛顿听后震惊不已。这个问题是他花了5年时间才想明白的。于是，萨特斯基弗就顺利进入了实验室，并帮助他做项目。杰弗里·辛顿后来明确提到过，萨特斯基弗是唯一一个他教过的学生中比他自己的好想法还要多的人。

如果说萨特斯基弗脑子灵活，那克里哲夫斯基就是很靠谱的工程师了，他能把想法落地。一个负责天马行空，一个负责脚踏实地。他们一起把系统搭载在有两块 GPU 的计算机上，训练的效果很好。这个被称为“AlexNet”的系统一战成名，而介绍这个系统的论文，也成了开启深度学习时代最重要的一篇论文。

AlexNet 震惊全球的那一刻，激动的不止萨特斯基弗和克里哲夫斯基两个人，还有罗森布拉特、皮茨、麦卡洛特等伟大的神经网络科学家们。

2012 年之后，深度学习以燎原之势成为人工智能最核心、最主流的课题。神经网络和连接派，再也不是学者们的“地下”爱好了。2018 年，象征着计算机、人工智能领域最高地位的图灵奖，颁发给了后世称为“深度学习三巨头”的神经网络领袖：杰弗里·辛顿、杨立昆和本吉奥。是他们在“寒冬”中手持“火种”，延续了神经网络的“血脉”。当时的媒体新闻里，使用得最多的一个词，就是“坚持”。

AlexNet 在 2012 年横空出世之后，带来的第一件大事，就是杰弗里·辛顿被别人买走了。严格来说，其实是杰弗里·辛顿的公司被别人买走了。

前文提到过，杰弗里·辛顿早就有想成立公司的意图，于是比赛一结束他就成立了一家公司DNNresearch（深度神经网络公司）。这家公司只有三个人，即杰弗里·辛顿、萨特斯基弗、克里哲夫斯基。这家公司有什么业务呢？什么都没有。其实就是个空壳公司。这家公司唯一的资产，就是他们三个人。对于这样一个空壳公司，杰弗里·辛顿对外宣布，准备出售这家公司。于是，就迅速吸引了三家科技巨头。哪三家呢？谷歌、微软、百度。这三家公司的报价是节节攀升，很快就从1500万美元提升到了2000万美元，又到了2200万美元，后来只剩下两家——谷歌和百度。最后，百度撑不住了，谷歌用双倍的价格4400万美元，收购了这家空壳公司。甚至可以理解为，这笔钱就是给这三个人的入职费。不过，不是全职，杰弗里·辛顿在谷歌兼职工作，很多时间继续留在多伦多大学。但是，谷歌这次还是美滋滋的，跟后来科技企业疯狂挖人、砸钱的科技军备竞赛相比，这笔买卖还是很划算的。

在AlexNet横空出世、杰弗里·辛顿加入谷歌之后，多家科技巨头决定要大力投入到深度学习中去。全球化的科技军备竞赛，就被杰弗里·辛顿这个“火种队队长”点燃了。后来，流入的资金越来越多，呈指数级增加，而人工智能领域也从高校走出来，进入企业。人工智能的资助来源，也从政府切换到了科技巨头。

人工智能的燎原之火，已经烧遍了几乎所有互联网科技公司，同时也即将进入千家万户。

“深度学习三巨头”之一的杰弗里·辛顿

“深度学习三巨头”之一的杨立昆

“深度学习三巨头”之一的本吉奥

第 15 章

巨头三足鼎立

如果没有人工智能这样的东西出现，我对这个世界会非常悲观。

——戴密斯·哈萨比斯（Demis Hassabis）

戴密斯·哈萨比斯（Demis Hassabis）1976 年出生于英国伦敦，母亲是华裔新加坡人，父亲是希腊裔塞浦路斯人，算是非常国际化的混血儿。13 岁时，哈萨比斯就获得了国际象棋大师称号，是当时同年龄段的全世界第二，被称为国际象棋神童。很多神童人生的高光时刻就止步于此了，但哈萨比斯并没有，他从剑桥大学计算机科学系毕业，名列全系第一。21 岁时，哈萨比斯参加了一个智力比赛，跟全世界的选手比赛国际象棋、围棋、拼字游戏、双陆棋和扑克。结果，他拿了冠军，并且从这一年开始，连续四年他都拿了冠军。有一年他之所以没拿到冠军，是因为他没去。为什么没去呢？哈萨比斯太喜欢电子游戏了，于是他参加了一个计算机游戏项目，很多“80 后”可能都玩过这款游戏，叫《主题公园》（*Theme Park*）。在游戏中，可以建造过山车和游乐设施。哈萨比斯就是游戏项目组中很重要的一个设计师。在这个游戏里，哈萨比斯初次接触到了人工智能。因为这是一款模拟经营公园的游戏，其中的游客都是 NPC（Non-Player Character，非玩家角色），他们的行为是需要用一定的算法和逻辑来模拟的。很多行为都有随机性，游客跟设施的互动、跟公园工作人员的互动，也都有人工智能的成分在。

哈萨比斯毕业后，跟好朋友创办了一家游戏公司。这家公司的经营状况不是很好，2005 年就关门大吉了。他决定追随志趣，成立一家人工智能公司。为了进一步深造，哈萨比斯到伦敦大学读了神经科学博士，又到伦敦大学盖茨比计算神经科学中心做了博士后，而这个中心的创始人，正是杰弗里·辛顿。哈萨比斯在博士后阶段就拉着实验室的一个同事沙恩·莱格和校外的一个创业者穆斯塔法·苏莱曼，一起成立了一家公司。苏莱曼有创业经验，所以会参与经营，哈萨比斯和莱格负责技术支持。于是，2010 年 DeepMind 成立了。公司的名字致敬的是科幻小说《银河系搭车客指南》里的超级计算机 DeepThought，同时也是对深度学习的致敬。

合伙人凑齐了，接下来就是找投资人了。哈萨比斯一开始就找到了硅谷顶级的投资圈子 PayPal。这是一批从 PayPal 出来的联合创始人和早期员工，以彼得·蒂尔（Peter Thiel）和埃隆·马斯克（Elon Musk）为代表的硅谷投资圈的风云人物。很多互联网创业者应该都比较熟悉彼得·蒂尔的那本讲述创业的书《从0到1》。哈萨比斯找的，正是成功投资了 Facebook、LinkedIn 和 Airbnb 的彼得·蒂尔。

哈萨比斯第一次到彼得·蒂尔家里拜访时，就看到客厅里有国际象棋的棋盘，于是就自然而然地聊起了国际象棋，从国际象棋的历史，说到国际象棋规则中蕴含的哲理。彼得·蒂尔听得十分高兴，对哈萨比斯印象不错。他不仅同意投资，还邀请了马斯克入伙。如此一来，DeepMind 的钱就到位了，同时杰弗里·辛顿和杨立昆也都成为这家公司的顾问。这家公司可谓是含着金汤匙诞生的，吸引了大量年轻的深度学习研究者加入。

哈萨比斯带队研究了一下，敏锐地发现了人工智能科研需要确定的目标，应该包含演示的效果。在罗森布拉特的感知机时代，能够演示、呈现，就是人工智能项目能否传播、产生影响力的关键。于是，DeepMind 拟定的阶段性目标就是训练玩游戏。这是一个不错的选择，玩游戏既能够以图像的形式传播，也能够成为媒体撰写的有噱头的标题。DeepMind 经过一段时间努力后，已经可以让 AI 玩一些雅达利游戏主机上的老游戏了，引起了不少关注。

关注他们的人中，就包括谷歌的联合创始人拉里·佩奇。他安排杰弗里·辛顿带队，一批人浩浩荡荡去了伦敦，跟哈萨比斯谈收购一事。双方交流了一会儿，觉得不错，观念一致。谈判的场景也颇有意思，杰弗里·辛顿有严重的腰椎间盘突出，导致他无法坐下。他自己曾经开玩笑说："上一次坐下来是2005年的事了，而且那是一个错误。"所以，后来他每次乘坐飞机，都是躺着、被绑在飞机上才行。这次开会时，大家都在DeepMind的会议室长桌上开会，杰弗里·辛顿则躺在旁边的地上开会，偶尔还提几个问题。

对于收购一事，哈萨比斯起初比较犹豫。他曾经跟员工们开会说过，避免大公司过度干涉，要保持20年独立不变。这次对谷歌团队的好印象，让他改变了想法，最后竟然同意收购。跟公司全员开会时，哈萨比斯说，我们之前说的20年独立，可能要稍微缩短一下了。具体来说，就是将20年缩短为3周。

2014年1月，谷歌发布了一个大新闻：决定用6.5亿美元收购一家公司，而这家公司只有50个人。

此时，DeepMind 第一次出现在大众视野里。而接下来，它将突破人工智能和互联网科技圈，成为全球媒体争相报道的人工智能公司。

棋类运动与电子游戏是有共通之处的，可以说，底层逻辑是一样的，都是玩家按照规则完成任务或者与别的玩家对抗。到了如今的阶段，围棋终于被提上了日程。很多围棋选手并不看好人工智能下棋，毕竟围棋是一项十分复杂的棋类运动，机器恐怕玩不来。然而，2016 年 1 月，《自然》杂志封面上出现了一个巨大的围棋棋盘，旁边还写着一段引发行业震动的文字：哈萨比斯宣布，DeepMind 开发的人工智能系统 AlphaGo，已经击败了欧洲围棋冠军。这个成绩在人工智能对阵围棋的历史上还是首次出现。由于这次是闭门比赛，并没有公开，导致很多人持质疑态度，认为闭门比赛的结果未必靠谱。

DeepMind 随即宣布，在 2016 年 3 月，AlphaGo 将与韩国选手李世石比赛。比赛之前，李世石放话说："我估计，能打成 4∶1，机器能赢一局，或者我再不客气一点，打成 5∶0。"当时的媒体也都表示认同，毕竟围棋是东亚国家的优势项目，李世石当时的围棋水平是碾压之前被 AlphaGo 打赢的棋手的。这场比赛有 2 亿人观看直播，不光老百姓关心，整个科技圈、学术圈和商业圈也都非常关心，这代表着人工智能的最新进展。哈萨比斯、杰夫·迪恩、谢尔盖·布林都在首尔的现场，一起观看比赛。

比赛第一局结束时，李世石就表示非常震惊。他说："我没想到 AlphaGo 能这么完美地下棋。"在对阵的第二局，发生了一件奇特的事情。AlphaGo 第 37 手下完，李世石和所有在场的围棋专家都蒙了，因为正常人不会走这一步。然而，等双方走了很多步之后发现，AlphaGo 那一步真是神来之笔，甚至影响了整个棋局。观战的很多棋手都评价，太神了。而研究员们在事后回顾 AlphaGo 这一步的计算时，发现的确如大家所说，走这一步的概率是万分之一，但 AlphaGo 还是在犹豫中走出了这一步，走了个出其不意，这是 AlphaGo 通过长期的自我学习做出的选择。这一步被认为是上帝之手，也让很多围棋高手都不相信这是机器在操作。

结局正如李世石所料，比分是 4:1，只不过人机两方要换一下比分——李世石大败，AlphaGo 一战封神。

李世石在 2007 年到 2011 年世界排名第一，2016 年，他并不是世界第一，也不是他的巅峰时期。2015 年到 2017 年世界排名第一的是中国棋手柯洁。DeepMind 很快在 2017 年安排了 AlphaGo 与柯洁的比赛，结果是 AlphaGo 三局全部获胜。中国围棋协会给 AlphaGo 授予九段的称号，这也是最高段位了。打败人类最厉害的棋手后，DeepMind 团队宣布，AlphaGo 金盆洗手退隐江湖，再也不下棋了。

DeepMind 和 AlphaGo 奠定了人工智能领域新的里程碑。这时，你可能会有疑问：AlphaGo 是三个学派中的哪个派别呢？它的原理和算法跟过去的下棋机器有什么不同？

在回答这两个问题之前，我们不妨先请出许久没有露面的行为派。在讲维纳的控制论时，我们还提到过冯·诺伊曼写了一个自我复制的程序，成了世界上第一个计算机病毒。冯·诺伊曼依据他的理论还写了一本书《自复制自动机理论》（*Theory of Self-Reproducing Automata*），这本书的编者叫亚瑟·伯克斯（Arthur Burks），是研究哲学、数学、心理学、语言学的学者，跟王浩是朋友。伯克斯在密西根大学创建了一个计算机和通信科学系，成了世界上第一个计算机科学专业院系，而他培养出来了第一个计算机博士叫约翰·霍兰德（John Holland）。霍兰德也是一位青年才俊，跟明斯基、麦卡锡差不多是同龄人，差点儿就去了达特茅斯会议。霍兰德后来受生物进化论的启发，在冯·诺伊曼、伯克斯等前辈们研究成果的基础上，发明了一种算法，像进化论所揭示的那样，让机器也在每次迭代中变异、优胜劣汰，所以起的名字也通俗易懂，就是大名鼎鼎的“遗传算法”（Genetic Algorithm）。

遗传算法跟神经网络不太一样，所以在神经网络差点儿被干掉的时期，它活得相对好一点，并且有一支脉络被“继承”了下来。霍兰德有个博士后叫巴托，巴托毕业后在麻省理工学院工作，也一直在研究遗传算法和进化方面的人工智能课题。巴托招来的第一个博士生叫理查德·萨顿（Richard Sutton）。萨顿整合了时序差分学习与试错学习，他在这两个基础上发明了一种全新的方法，叫作 Q-learning 算法，这是一种强化学习（Reinforcement Learning）的方法。

强化学习一直没有得到重视，直到谷歌收购DeepMind后，在雅达利游戏中，研究人员首次结合了深度学习和强化学习，采用了Deep Q-Network的方法，并在论文《用深度强化学习方法玩雅达利游戏机》（*Playing Atari with Deep Reinforcement Learning*）中详细阐述。2016年的那一天，AlphaGo震惊世界，更加证明了强化学习的出色效果。强化学习跟很多算法一样，并不是单独的、排他性的，而是能跟其他各种算法很好地结合的一种方法。在这之后，强化学习也变成了主流的学习方法。比如今天的ChatGPT，也采用了强化学习的方法。强化学习擅长的正是围绕某个确定的目标，让机器不断学习和迭代。后来，AlphaGo出了一个新版本AlphaGo Zero。它可以完全抛开任何棋谱，自己跟自己下棋练习，同时也能学到全新的知识。

AlphaGo背后的逻辑，严谨地说，可以称为“基于强化学习的启发式MCTS搜索的基于卷积神经网络的监督学习算法”。也就是说，一方面，它跟最早的塞缪尔下跳棋的搜索算法很接近，内核有相似之处；另一方面，它又加入了大量的其他方法作为补充，有神经网络和强化学习的部分。你会发现，AlphaGo 简直就是人工智能发展至今最好的案例，它揭示了一个现实：符号派、连接派、行为派，在这一刻已经不分彼此、相互融合，共同创造了一个人工智能历史上的奇迹。这三个学派，不再泾渭分明，也不再为了一些资助、路线的分歧斗个你死我活了，而是互相学习、互相借鉴，我中有你，你中有我。

说回 DeepMind，在 2016 年，DeepMind 发布了新的人工智能系统，能玩知名电子游戏《星际争霸 2》的 AlphaStar。照理说，围棋都能下，电子竞技游戏也应该是信手拈来的，可结果它却输得很惨。它不仅打不过人类，还打不过游戏里自带的难度较小的人工智能。这个难度较小的人工智能是游戏设计师基于规则设计的。《星际争霸 2》作为电子竞技游戏中最复杂的存在（可能没有之一），涉及的建筑和兵种很多，操作起来十分复杂，规则也很特别，还要面临千变万化的局势和战术的动态变化，这让 AlphaStar 举步维艰。2018 年，AlphaStar 终于以 5∶0 的战绩打败了《星际争霸 2》职业选手 TLO，同样以 5∶0 的战绩打败了来自同一个战队的职业选手 MaNa。迄今为止，AlphaStar 还没有战胜过人类选手，但它的竞技水平还在逐步提升。

到了如今的阶段，经过科学家们半个多世纪的努力，下棋和玩游戏，对人工智能来说，都已经不是什么难题了。

DeepMind 团队加入谷歌之后，跟另一个人工智能团队——谷歌大脑，形成了两股关系有点微妙的力量。在这两个团队中高手云集。最新的消息是，2023 年 4 月，谷歌宣布合并 DeepMind 和谷歌大脑，兵合一处，将打一家。

谷歌这一点很值得我们学习，那就是它在硬件方面和融合人工智能与业务方面的努力。深度学习在 2012 年虽然火了，但是对训练深度学习的硬件要求非常高。我记得，2011 年还在哈尔滨工业大学信息检索中心读研究生时，我能够接触到很多深度学习的方法，可那时的硬件不行，根本没有实践的机会。

谷歌的科研人员很早就发现，GPU 的计算性能，比 CPU 更好。GPU 原本的用途是做图像处理，大多用于 3D 游戏的渲染。尝试过之后，他们发现将其用于深度学习的训练效果很好。谷歌当时的人工智能主管是约翰·詹南德雷亚，他喊上杰夫·迪恩，两个人去申请 GPU 的硬件支持，一张口就要 4 万个。立马就遭到了拒绝。为什么？4 万个 GPU 的采购成本，大概是 1.3 亿美元，这不是一笔小数目。他们两个只好层层向上汇报，最终找到拉里·佩奇，才把 4 万个 GPU 搞定。

这些 GPU 集群在谷歌的自动驾驶项目中开始得到使用，效果很不错。很快，谷歌的核心业务也陆续接入了深度学习模型。今天我们手机中的人工智能整理功能，就是采用了深度学习的方法。谷歌的广告系统 AdWords 也基于深度学习方法重新迭代了一轮。谷歌花费的这 1.3 亿美元的成本，加上每年几百万美元的研究人员的人力成本，实际上在这一段时间内就赚回来了。

那个当初跟吴恩达表示深度学习没有用的主管也正巧离职了，而支持人工智能的詹南德雷亚成了谷歌搜索业务部门的主管，就顺理成章地加入了更多深度学习的模块。后来，谷歌智能助手也出现了。

在这个过程中，杰夫·迪恩发现还不够，硬件还得迭代，他认为需要一个神经网络专用的计算机芯片。TPU 即计算神经网络专用芯片，是给谷歌自己的 TensorFlow 机器学习框架专门定制的硬件，主要用于 AlphaGo 等人工智能系统，效果显著。比如，AlphaGo 当初在击败欧洲冠军时，内置了 1202 个 CPU 和 176 个 GPU，等到 AlphaGo 后来跟柯洁下棋时，使用的 TPU 仅有 48 个。TPU 也被运用到了更多核心业务中，比如使用人工智能算法的谷歌地图、谷歌相册和谷歌翻译等产品。2016 年，杰夫 · 迪恩亲自带队研发的人工神经网络机器翻译系统发布，准确率大幅提升。差不多就是这个时候，我们日常用的翻译工具，变得越来越靠谱，能完成大多数的翻译工作。此后，国内的百度翻译、有道翻译，也均基于神经网络。另外，谷歌还强调，自己的 TPU 碳排放量比英伟达的 GPU 碳排放量要少得多，非常环保，节省能源。

作为硅谷风头最盛的公司，Facebook 其实很早就在观望深度学习。但是作为社交平台，深度学习离他们的业务稍微有点远，于是 Facebook 动作就慢了点。Facebook 之前跟 DeepMind 也接触过，哈萨比斯认为 DeepMind 跟 Facebook 的企业文化不匹配，就没那么感兴趣。随着时间的推移，Facebook 也开始着急了，科技行业的发展是需要提前布局的，怎么也得先把实验室建起来。于是在 2013 年，Facebook 找到一个人，他就是在谷歌大脑工作的研究员兰扎托，Facebook 想要挖他。兰扎托比较犹豫，决定去问问自己老师的意见，这位老师 2002 年也差点去了谷歌，是谁呢？正是“深度学习三巨头”之一的杨立昆。杨立昆的建议是，不要去企业，企业做研究，都是追求短期收益，不看长期效果的，束手束脚的，很麻烦。但兰扎托最终还是去了 Facebook，因为对方太有诚意了。Facebook 的创始人兼 CEO 扎克伯格亲自找到他，并且把他的工位就安排在自己的旁边，把兰托扎的项目当作最关心的项目，已经不能更有诚意了。

就这样，又过了一个月，杨立昆突然接到了一个电话，是扎克伯格亲自打的。他讲述了一下 Facebook 目前在做哪些尝试，并且也表达了很希望杨立昆加入的意愿。扎克伯格这次也是诚意十足，还提到了杨立昆的论文，他说自己是认真研读过的。可杨立昆坚持自己的观点，不想加入企业，于是就拒绝了。

到了年底，兰扎托跟扎克伯格提到要去参加NeruIPS，也就是杰弗里·辛顿举办的神经网络领域的盛会。扎克伯格听闻，表示自己也很想一块去。兰扎托起初觉得尴尬，学术圈的学者们普遍对企业家印象不佳，甚至对商人出现在学术活动中，有些反感。不过，他还是跟扎克伯格商量，安排在 NeruIPS 所在的酒店举办一场演讲活动。扎克伯格此行的一个重要目的当然还是接触杨立昆，后来终于跟他见了面，吃了晚饭。第二天，杨立昆有点被打动，受邀去了Facebook 总部参观，扎克伯格乘胜追击，说不如由你来组建一个 Facebook 的人工智能实验室。杨立昆动心了，但也提了两个条件：自己不会离开纽约，也不会放弃纽约大学的工作。扎克伯格一口答应，也是诚意满满。于是，杨立昆就成了 Facebook 的人工智能奠基人。此后，他也很认真地对待这个工作，比起杰弗里·辛顿多数时间在学校不同，他一周只有一天在学校，剩下四天都在公司。一直到今天，杨立昆仍是Facebook 的首席人工智能科学家。

作为美国科技公司的老牌巨头，微软也没有落后。要聊微软的人工智能故事，首先要回到 1961 年的一个秋天，陆奇在上海出生了。这个时间点，正是中国的三年困难时期，所以陆奇从小体格就特别差，由于营养不良，视力也不好。小时候，陆奇在村里跟爷爷奶奶过，一年只能吃两次肉。成年后，去造船厂当工人，由于体力和视力的原因，对方不愿接收。1977 年，中国恢复高考，陆奇顺利考入大学，但因为视力差，做不了物理实验，去不了物理系，只好重新考试。1980 年，他考上了复旦大学的计算机专业，这次一直读到 1988 年，本科硕士都读完了。陆奇在学校，就是一个书呆子的形象，身体瘦弱，戴着一副大大的眼镜。平时喜欢琢磨各种各样的问题，人称“复旦陈景润”。读书的时候，陆奇就对人工智能产生了兴趣。他在回忆读书时期的经历时说过：“当时我们在计算机系写下棋程序，虽然很简单，但我的直觉就是，只要有足够的时间，程序以后一定会比人更聪明，我当时就有这样的直觉。”

陆奇毕业以后就留校了，在一个风雨交加的周末，陆奇的命运齿轮开始转动。当时有位卡内基梅隆大学的教授、图灵奖得主埃德蒙·克拉克在复旦大学开讲座，由于下雨天，再加上是周末，去的人不多，陆奇就被拉过去凑数。虽说是凑数，但陆奇在现场也颇有兴趣地提了一些问题，让克拉克印象深刻。克拉克后来还特地去翻了翻陆奇的论文，立即决定邀请陆奇去美国读博，并且提供奖学金。陆奇当然想去，但按照当时学校的规定，需要排队，按照陆奇的资历，大概需要再等四五十年。结果，当时的复旦大学校长一拍桌子：让他去！于是就给他开了“绿灯”。这位校长是谁呢？正是被称为中国半导体之母的谢希德院士。芯片行业如今已成为全球科技行业发展的基础，中国也在奋力追赶，而回顾过往，正是谢希德为中国芯片行业作出了奠基性的贡献。而对陆奇来说，原本打算周末回家看望爸妈，就是因为下雨，才留在了学校没回去，却阴差阳错地走上了人生的另一条路。

1996 年，陆奇博士毕业，正在考虑接下来该去哪儿的问题，于是他找到了卡内基梅隆大学一位华人学长聊了聊。那个学长是谁呢，就是李开复。李开复说，你得去硅谷，去科技公司，那里才有未来。于是，陆奇就决定去 IBM，两年之后，又到了雅虎。雅虎是世界上第一个互联网“大厂”，是全球互联网的开拓者。陆奇在雅虎的位置是高级副总裁，负责的业务正是与谷歌对抗的搜索业务。陆奇的晋升速度非常快，他既聪明又勤奋，既懂业务又懂技术，既了解商业规则又熟悉管理，这在硅谷非常少见。陆奇长期保持着 4 点起床查看邮件，然后开始跑步，6 点开始工作的习惯，每天只睡 4 小时，长期如此，从不间断。2009 年，陆奇被微软 CEO 史蒂夫·鲍尔默（Steve Ballmer）亲自挖到了微软，做他的直接下属。陆奇在微软推出了一个全新的搜索引擎产品，大家可能都很熟悉，那就是 Bing（必应）。陆奇同时还负责几个业务，如 Skype、云服务，以及至关重要的 Office365，可以说都是微软的核心业务。从 Office 到 Office365 也是微软制定的极为成功的策略，把原本的离线软件模式迁移到了在线云服务，采用了订阅模式，这是非常成功的布局，给微软后来更健康的业务生态打下了坚实的基础。

陆奇与多数硅谷高管很不一样的一点是，除了熟悉业务，他也熟悉学术。他从大学时期对人工智能就有极浓厚的兴趣，并很快认识了杰弗里·辛顿，还认识了不少神经网络乃至人工智能领域的学者、前辈。他在吴恩达的影响下，很快就知道了深度学习的价值。2012 年，杰弗里 · 辛顿的 DNNresearch 公司在几个科技巨头之间竞拍的时候，微软之所以参与，就是陆奇在推动，当时公司的其他高管对这件事没有太大兴趣，导致杰弗里 · 辛顿的公司（乃至他个人）最终被谷歌收购。微软的很多人还嘲笑谷歌出价 4400 万美元的事，事后再看，这真是小钱了。谷歌起步较早，不仅有杰弗里 · 辛顿和他的两个学生萨特斯基弗、克里哲夫斯基，还有 DeepMind 和哈萨比斯。然而，在这个时期，微软没有跟上。

不过，陆奇依然想要提前布局人工智能领域。深度学习领域公认的“三巨头”，杰弗里 · 辛顿去了谷歌，杨立昆去了 Facebook，只剩下了本吉奥。陆奇自己有了一个最重要的目标：把他挖到微软。一直到 2016 年，本吉奥都持续拒绝所有科技公司的邀请，坚持选择留在学校做研究。陆奇亲自带队，去了蒙特利尔大学，请他出山。本吉奥的回复很直接：给多少钱，我都不去微软，想都别想。本吉奥很喜欢蒙特利尔大学，这里可以跟别人说法语（他的母语），学术研究的氛围也更加浓厚。跟杨立昆的顾虑相似，他担心去了企业需要搞项目，说不定还得搞复杂的人际关系，实在不感兴趣。

陆奇铩羽而归，设法去找突破口，不承想还真给找着了。经调查，陆奇发现本吉奥在给一家公司 Maluuba 做咨询顾问。二话不说，陆奇直接收购了它。这家公司做什么，并不重要，收购这家公司就是为了让本吉奥给微软公司做咨询，买的就是本吉奥的时间。一年之后，这家公司终于并入了微软，本吉奥成为微软的顾问。陆奇那时候已经离职了，他是硅谷历史上职位最高的中国人，不像吴恩达，陆奇是土生土长的中国人，能够成为微软这样的巨头企业的“二号人物”，可以说相当不易。后来，他在跟印度人萨蒂亚·纳德拉（Satya Nadella）的竞争中惜败，后者成了微软新的掌舵人。陆奇 2016 年离职以后，加入百度成为百度的总裁兼首席运营官。我在百度工作的师兄曾向他汇报工作，感到压力很大。因为他每次都对大家最关心的课题有深入的了解，很难糊弄，有时会追问科研团队在读什么论文，几周后再见面，这些论文他已经都读完了，所以交流过程非常顺畅。

陆奇在科技行业内积极推动人工智能的各种项目，影响很大。在微软工作时，他积极推动人工智能，来百度后也积极推动人工智能，如今做投资，成为 Y Combinator（中国）的 CEO，后来重组为奇绩创坛，也是很早就在布局人工智能领域。在 Y Combinator（中国）担任 CEO 的阶段，他的上级正是 Y Combinator 当时的总裁、后来 OpenAI 的 CEO 山姆·奥特曼（Sam Altman）。

三个科技巨头正巧“分食”了因深度学习而获得图灵奖的三位大师：杰弗里·辛顿、杨立昆、本吉奥。其他科技巨头也在这个潮流下纷纷布局人工智能领域。前文提到的推动人工智能在谷歌落地的吴恩达，在做互联网教育的同时，于 2014 年加入百度，成为百度首席科学家，参与创建了“百度大脑”。2017 年，吴恩达离职。从人工智能方面的技术积累来说，百度还是相对较多的。

人工智能发展至今，又进入了新的阶段。从 2012 年到 2016 年，是人工智能得到全世界的关注，开始慢慢水涨船高，学者们纷纷进入企业，组建人工智能实验室的时期。从 2016 年到 2022 年，是企业已经把人工智能融入日常业务的时期。我们正在使用的互联网产品，无论是淘宝、拼多多这样的电商平台的购物推荐，还是抖音、小红书这样的内容平台的内容算法，都有深度学习的影子。

而在 2022 年之后，人工智能又打开了另外一个局面。

第 16 章

新的终结者

事实上，我不认为我们会灭绝。正相反，我认为我们正在走向有史以来最美好的世界。

——山姆·奥特曼（Sam Altman）

2014 年 11 月，美国科技界头部“大 V”，被称为硅谷钢铁侠、慈善家、营销大师、嘴炮王的埃隆·马斯克，决定不错过任何一个社会热点议题。此时，人工智能正是全社会关注的焦点，马斯克自然也要凑个热闹。他发表了一篇文章，大意是说，DeepMind 的人工智能水平增长速度已经是指数级的了，未来 5 年或者 10 年内，就会造成严重的危害，我们要防止有害的数字化超级智能体进入互联网，因为这会非常危险。

从那之后，马斯克就到处在说这个事。他跟知名物理学家霍金和知名科幻作家刘慈欣的态度相似，他们两位都认为地球人不应该主动去接近外星人。马斯克也认为，我们不应该主动去制造人工智能。他宣称，谷歌这种商业公司可能会制造出毁灭人类的机器人大军，这比核武器更危险。

DeepMind 团队以及 Facebook 的 CEO 扎克伯格都表示，目前的人工智能无非就是玩玩电子游戏、下下棋，不至于那么危险。马斯克反驳说，技术进步的速度是指数级的，可能速度会快到我们还没反应过来，就直接到了最危险的境地，它不会是线性发展的，也不会给我们喘息的机会。马斯克在批评人工智能的同时，也在自己公司不断推进人工智能的研发，比如特斯拉公司的自动驾驶和机器人研究。很多人也批评他，言行不一致。当然，他自己的解释是，他不相信别人，既然要弄，不如自己来弄。

马斯克并不是说说而已，他在 2015 年宣布投入 1000 万美元，专门做人工智能安全方面的建设。这笔钱投给了一个叫生命未来研究所（Future of Life Institute）的机构。

马斯克认为这样还不够，他想自己攒个局，建设一个非商业机构，跟那些大型科技公司对抗。他的观点是，商业公司为了商业目的，很可能会做出一些危险的东西来，而真正关注人工智能安全的还得是非营利组织。他这么想的时候，巧了，也有两个人是这么想的。

一位是 Y Combinator 的总裁山姆·奥特曼。Y Combinator 是硅谷最知名的投资和孵化机构，没有之一。山姆·奥特曼在 29 岁时就被 Y Combinator 的联合创始人保罗·格雷厄姆（Paul Graham）任命为 Y Combinator 的总裁。在他治下，Y Combinator 孵化的公司遍布科技领域。山姆·奥特曼由于参与了很多公司的孵化，对人工智能有很多认知和想法。

另一位是格雷格·布罗克曼（Greg Brockman），他是哈佛大学的辍学生，也是麻省理工学院的辍学生。他从麻省理工学院辍学后，成为 Stripe 公司的首席技术官。这家主营业务为互联网支付的公司，最新估值是 950 亿美元，是美国最大的支付公司之一，堪称美国的支付宝。布罗克曼没有读完大学就开始创业了，所以特别年轻，2015 年的时候，他只有 26 岁。他很懂技术，但不是特别懂人工智能。Stripe 这个公司是 Y Combinator 公司孵化的，所以他跟奥特曼很熟。

马斯克与布罗克曼和奥特曼吃了一顿饭，三个人感觉志同道合。于是，就充满热情地开启了创业之路。为了让创业团队的起点足够高，他们先打电话给“三巨头”之一的本吉奥，想邀请他全职加入。前文提到了，陆奇亲自去请本吉奥都请不动，只能靠微软收购本吉奥做顾问的公司，间接邀请他。因此，这次的邀请结果可想而知。不过，本吉奥也很给面子，列了一个清单，说你去找他们。

于是，布罗克曼按照清单挨个去请他们，一共10个人，把他们邀请到了一个酿酒厂，集体游说。这10个人里有9个人都同意加入了，其中就包括前面提到的萨特斯基弗——杰弗里·辛顿的关门弟子，参与AlexNet研发的核心学者。这些人工智能科学家们很有理想主义精神，很认可马斯克所说的，要做一个完全没有商业压力的非营利组织，跟谷歌和微软这样的巨头竞争。可是，这个消息被谷歌打探到了，谷歌立马开始反向挖人。双方展开了人才攻防战。其中，最重要的科学家还是萨特斯基弗，他在最后关头依然没有下定决心。在公司成立召开新闻发布会前夕，布罗克曼还在一条一条发短信跟他沟通，为了等他的回复，甚至推迟了新闻发布会的时间。就在实在等不下去、新闻发布会刚刚宣布开始的同时，萨特斯基弗的短信来了：我加入。

2015年，一家由马斯克、彼得·蒂尔等人投资超过10亿美元的非营利组织诞生了。主要投资人是马斯克，董事长是布罗克曼，CEO是奥特曼，首席科学家是萨特斯基弗。公司宣布，将毫无保留地贡献出未来的技术，让人工智能向所有人，而不仅仅是世界上最富有的公司开放。因为这个愿景中最核心的理念就是“开放”，所以公司就取名为“OpenAI”（开放的人工智能）。

这家公司诞生之初就伴随着各种争议，很多同行都评价说，这种完全技术开放的路线肯定行不通，很多人对这家公司都不看好。深度学习三巨头中，Facebook 的首席科学家杨立昆是企业界中最活跃的，经常在新闻上发表观点，他明确表达了反对意见。有一次，他见到萨特斯基弗，还给他列了一个清单，里面有十几条理由，证明 OpenAI 完全没机会成功，比如研究人员太年轻、很难商业化、跟科技巨头无法竞争，等等，最后说了一句话：你们肯定会失败。

OpenAI 团队顶着巨大的压力，坚持了自己的路线。2020 年，OpenAI 发布了 GPT-3 模型，在学术领域引起了广泛关注，成为大模型的主流模式，大家纷纷模仿。不过，此时它的知名度还仅限于行业内。2022 年 12 月，基于 GPT-3 模型的聊天机器人产品 ChatGPT 上线，引起了全球科技界的轰动。海量的用户开始在产品中体验到如今人工智能所达到的水平。2023 年 1 月，ChatGPT 的用户数量就突破了 1 亿个。

2023 年 2 月，《时代》杂志报道了 ChatGPT，并且提到“人工智能军备竞赛正在改变一切”。2023 年 3 月，GPT-4 模型发布，又引起了一波轰动。2023 年 7 月 25 日，《自然》杂志撰文称，ChatGPT 已经通过了图灵测试。2023 年 12 月，ChatGPT 成为第一个入选《自然》杂志年度十大人物的非人类。在科技领域，ChatGPT 的出现被称为人工智能领域的 iPhone 时刻，就像苹果手机彻底改变了智能手机和移动互联网一样，ChatGPT 也彻底重塑了人工智能的方法、模式乃至业态。

OpenAI 的发展也持续伴随着争议，最大的争议在于非营利的定位调整。2019 年，OpenAI 放弃了完全的非营利定位，用一种复杂的方式来做大额的融资，毕竟研究人工智能太费钱了，仅 2022 年就花费了 5.44 亿美元，只靠有理想主义的投资人支持，是远远不够的。OpenAI 接受了微软 10 亿美元的投资，此后微软可以提供资金和语料数据，OpenAI 则提供 GPT 模型的独家使用权和深度合作的机会。2023 年初，微软宣布再给 OpenAI 投资 100 亿美元，在此之后，微软占股 49%，而之前的投资人占股 49%，

OpenAI 基金会占股 2%。仅看这样的占股比例就知道，OpenAI 离成为微软子公司就差一步之遥了，这跟之前的想法完全背道而驰，毕竟 OpenAI 成立的初衷就是与微软这样的科技巨头对抗。于是，OpenAI 设置了特殊的股权逻辑，分四个阶段对利润进行分配。首先，早期投资人连本带利收回他们的资金；其次，微软获得 75% 的利润，直到拿回 130 亿美元的资金（这是微软过去累计的投资额）；再次，微软和其余的早期投资人就可以各获得 49% 的利润，直到分别拿到另外的 920 亿美元和 1500 亿美元（这相当于是提前谈好的回报）；最后，上面这些钱都付完之后，OpenAI 会拿回 100% 的股份，获得公司的完全控制权。这等于是让早期投资人和微软，购买了一个理财项目，而不是股份，等回报足够了，股份还是要退回的。OpenAI 的这个操作也算是一种风险对冲，如果没赚到这些钱，那么这个公司到时也就寿终正寝了，如果赚到了，公司最终还能回到自己手里。这也说明 OpenAI 在谈融资的过程中，是非常有话语权的。

2018 年，马斯克想要更深度地介入 OpenAI 的业务，被奥特曼拒绝。双方争执不下，马斯克退出了

OpenAI 董事会，专心在特斯拉公司做人工智能方面的研发。OpenAI 拿到微软的投资之后，马斯克开始高频地批评 OpenAI，并且认为 OpenAI 就是“屠龙少年变成了龙”。看到自己亲手攒局做出的公司，现在变成了自己不喜欢的样子，马斯克心里很不是滋味。

2023 年 11 月 17 日，OpenAI 发生了一次奇特的“政变”，董事会多位董事联合宣布，他们决定解除奥特曼 CEO 的职务，连同布罗克曼的董事长职位，也一并撤除。更奇特的是，在这次“政变”的过程中，杰弗里·辛顿的高徒、深度学习大师、OpenAI 的联合创始人兼首席科学家萨特斯基弗也站到了董事会的阵营中。

第二天，就有报道称，董事会正在与奥特曼协商，让他重回董事会。三天后，微软 CEO 萨提亚·纳德拉宣布，奥特曼即将加入微软，领导人工智能团队。又过了两天，OpenAI 的大批员工发表了一封致董事会的公开信，提出如果奥特曼不回到公司，他们就要离开 OpenAI 并且加入微软。签名的员工持续增加，最后增加到 700 多人，而 OpenAI 只有 770 个员工。戏剧性的一幕出现了，萨特斯基弗也参与了签名，改换了自己的阵营。

三天后，也就是 11 月 20 日半夜，OpenAI 宣布奥特曼将重新担任 CEO，布罗克曼重新担任董事长。董事会成员几乎全部辞职。

这场闹剧，让奥特曼成为全球关注的对象。他俨然已经成为当下人工智能领域最核心的角色。跟新能源车、火星移民和机器人领域的科技领袖马斯克一起，站在了硅谷新一代的神坛上。就像当年的乔布斯和比尔・盖茨一样。

山姆・奥特曼

有关 ChatGPT 引发的热潮还在继续，我们每个人，正生活在这样的历史变迁中。一份第三方的统计数据显示，仅中国就有 243 个来自企业、高校、研究机构等组织的大模型。科技军备竞赛已进入白热化阶段，故事还在进行中。

人工智能，已经驶入了无法刹车的快车道。

尾声

我们相信，在这个世界上，人们可以让世界变得更好。那些疯狂到认为自己能够改变世界的人，才是真正能够改变世界的人。

——史蒂夫 · 乔布斯（Steve Jobs）

如果把人工智能的发展比喻成我们教机器这个小孩成才，那么现在 GPT 模型的出现，让这个小孩看起来确实有两把刷子。ChatGPT 到底有没有通过图灵测试，众说纷纭。不过，如果我们统计一下被最多人认为通过图灵测试的系统，那肯定还是 ChatGPT。

有科学家做了一个测试观察 GPT-4 模型的智能水平，对比了常见的 SAT、IQ、数学考试等各种测试，GPT-4 模型大部分的测试结果都能够碾压常人。

那么，OpenAI 的路线、GPT 的模式，跟我们前面讲过的人工智能历史上各种派别和路线有着什么渊源呢？为什么像杨立昆这样的深度学习大师没有做出来 ChatGPT，甚至在 ChatGPT 成功后，他还发表了不少负面评论呢？

简单回顾一下人工智能的发展路线，早期有三大学派，它们各自的理念和思路不同。早期的符号派科学家，教机器小孩时，都是教公式、定理，并要求它背单词、学语法、讲逻辑，结果发现太难了。早期的行为派科学家，认为得把机器小孩扔到一个真实的环境里，让它学一些具体的东西，学好了，就奖励，学不会，就惩罚。早期的连接派科学家，认为把机器小孩的神经做成人类小孩的样子，剩下的让它自学就行了，具体怎么学、学得是不是有章法、是不是按步骤学，都不重要。

在早期的学派斗争中，符号派出身名门，有四大“宗师”坐镇（明斯基、麦卡锡、司马贺、纽厄尔）。他们还发明了很多算法，让机器小孩学习逻辑。可是，教机器小孩最大的问题是知识匮乏，于是就做了各种知识库。但知识库浩瀚无垠，根本编纂不出来，于是这条路又堵死了。

互联网时代到来后，计算机的性能有了质的飞跃，信息也变得俯拾皆是。知识不再是问题，让机器有更多神经网络层级也不是问题，此时连接派也就是神经网络学派占了上风。在杰弗里·辛顿的带领下，神经网络变成了深度学习，成了机器小孩学习成才公认的最佳路径。

而随着过去半个多世纪学者们的努力，三大学派再也不分彼此，各种方法也得到了很好的融合。前文提到了，AlphaGo 就是一个融合的结果。

那么，GPT 是怎样出现的呢？GPT 相对于杰弗里·辛顿时代的神经网络，更加激进，它把过去的方法和逻辑几乎全部舍弃了。能不能把这个机器小孩关在图书馆里，让他直接学？什么都别管他？这相当于去掉了几乎所有的规则，彻底拥抱神经网络。这在过去的人工智能领域是不太主流的做法，大家给出了不少方法，让机器小孩学习，至少要给一些基础的指导。可是这次不同，这次是更极端的神经网络实践，最后发现，它还真的什么都能学会。

GPT，即所谓的大语言模型，其实早在 20 世纪 70 年代就出现了。它的大概逻辑是，当知道了上文时，机器会设法预测下一个词是什么。逻辑就是这么简单，ChatGPT 也是如此：每次它在回复提问时，那些停顿并不是在思考，而是在“猜”下一个词是哪个词的概率更高。这似乎是一个统计概率的问题，可是从 ChatGPT 的表现来看，人工智能的确展现出了基本的推理能力。很多学者也深感意外：为什么猜词都能猜出逻辑来。统计即推理，就如同量子物理一样，是无法用我们日常的生活经验去感受的。设想一个 3 岁小孩，你把他扔到图书馆里，阅读了世界上所有的信息，并记住了这些信息。当你问他问题时，他会从记忆里猜测该怎么说，结果还说得头头是道，什么都会。这甚至带来了一个哲学思考：人脑是真的有逻辑能力，还是它也只是一个统计模型，具有逻辑能力只是假象呢？我们是不是全靠过去的信息来做猜测呢？

GPT 的表现，让老一辈的科学家们很难接受。对他们来说，找到巧妙的方法让人工智能更加优秀，是他们毕生的追求。比如明斯基，他一直在研究新的想法，提出了框架理论，提出了“心智社会”的概念。而 GPT 几乎没有这些复杂的逻辑框架，用的都是老方法，只是大力出奇迹，用非常暴力、非常朴素的方法组建了一个巨大的神经网络。这就好比，一个全国特级的高中老师，一直在研究如何教育学生成才，颇有心得。结果有一天，全世界做得最好的高中宣布，我们的学生成绩更好。怎么做到的呢？就是把所有老师都开除了，然后把学生关在图书馆里疯狂补习，恶补了两个月。这当然会让那位老师产生“教育学不存在”的虚无感。

人工智能领域有一张很有幽默感的图，在 GPT-4 模型发布时，还曾作为案例让 ChatGPT 做了解答。这张图很好地说明了目前人工智能领域的尴尬现状。

图中呈现了人工智能领域中统计学习和神经网络两个不同学者的对比，统计学习的学者就是使用大量方法和规则的逻辑，他说的是："我们的这个学习模型过度泛化。因为我们的数据维度过高，所以我们应该降低结构性风险，重塑损失函数，用一个新的内核，使用非偏见的软性边界。"而神经网络的学者，只有简单的一句话："加几层。"效果便肉眼可见地变好了。神经网络中加几层，就意味着模型的复杂程度增加了、性能要求提升了，同时也意味着人们更不清楚模型是怎样运行的了。但是这样一来，效果的确变好了。

人工智能的历史发展就是一个循环。当年，以皮茨和罗森布拉特为代表的连接派被明斯基为首的符号派击垮了，而杰弗里·辛顿作为"火种队队长"，又把以明斯基为代表的符号派击垮了。可是，杰弗里·辛顿后来很不认同强化学习，也不认同通用人工智能的路线。如今，以 OpenAI 为代表的新一代研究者，正在走全新的革命之路。

User　Can you explain why this is funny. Think about it step-by-step.

GPT-4　The comic is satirizing the difference in approaches to improving model performance between statistical learning and neural networks.

In statistical learning, the character is shown to be concerned with overfitting and suggests a series of complex and technical solutions, such as minimizing structural risk, reworking the loss function, and using a soft margin.

In contrast, the neural networks character simply suggests adding more layers to the model. This is often seen as a common solution to improving performance in neural networks, but it's also considered a simplistic and brute-force approach.

The humor comes from the contrast between the complexity and specificity of the statistical learning approach and the simplicity and generality of the neural network approach. The "But unironically" comment adds to the humor by implying that, despite being simplistic, the "stack more layers" approach is often effective in practice.

GPT 的模式一定就是人工智能的未来吗？不一定。由于神经网络的特性，它天生就存在一些核心问题。这些问题的根本是神经网络是一个黑盒。现在的

GPT 模型，比起过去的神经网络，由于层级太多，会前所未有地呈现黑盒的样子，我们并不知道它是怎么运行的、怎么做判断的。

黑盒会带来很多可解释性的问题。由于我们不知道模型是怎么运行的，那么我们也就不知道 ChatGPT 为什么会这么回答问题，甚至它的每一条回答都是随机的。不光是用户，包括 OpenAI 团队也不知道背后的原因、无法定向地去做调整，只能间接干涉。

当机器小孩在图书馆里学习的时候，既然已经放任让他自学，那就很难干涉中间的过程。我们能做的，无非就是让他在图书馆里的时候，给他多换几本书、换一些不同的桌椅、做错的时候提醒一下，等等。我们想直接指挥他做什么、不做什么，是很困难的。

因为我们无法干涉，所以黑盒就会带来严重的问题，比如偏见。

2015 年，美国有一个人发现他的黑人朋友的照片被谷歌的人工智能软件自动划分到了大猩猩的文件夹里，于是很愤怒，立马就发了个推特，说我的朋友不是大猩猩。这引起了很大的社会舆论，也给谷歌造成了巨大的舆论压力。之后很多年，在谷歌照片里，大猩猩都是禁用词。这并不是谷歌的科学家刻意为之，而更多的是神经网络的问题。模型接收的是信息和数据，没有任何判断力。仅仅是从统计层面做出选择，就会产生类似这样的很严重的歧视和偏见。

大语言模型中的数据来源于语料，用不同的语料训练，得到的模型，其结果就会完全不一样。哪怕我们强行限制基于模型的产品，不让用户输入一些词语，比如色情的、暴力的、有偏见的，可是这样做并不彻底。总有一些表述可以绕过去，那就只能不断地加入规则，而没有办法直接告诉模型：不要接收色情的内容。

所以人工智能的发展，始终会伴随着一些问题。输出效果好，并不意味着没有安全风险。如何解决这些问题，将是科学家们持续探讨的话题。

从图灵到香农，从明斯基、麦卡锡到皮茨、罗森布拉特，从杰弗里·辛顿、杨立昆到吴恩达、陆奇，从达特茅斯的草坪到硅谷的谷歌、微软等互联网巨头，诸多学者、工程师、计算机专家们的努力，都没有白费。在人工智能发展的长河中，不存在谁赢谁输，他们每个人的成果都成了今天人类社会大厦的“砖头”。ChatGPT，并不只是神经网络和大语言模型的胜利，它也运用了强化学习的方法，也是站在无数巨人肩头上诞生的奇迹。

提到人工智能，也许很多人眼前会浮现《星球大战》里机器人 C-3PO 那样的形象，或者《流浪地球》里 MOSS 那样的形象。但这些其实都属于强人工智能（Strong AI），是很多人工智能学者毕生努力的方向。

在人工智能发展的过程中，许多领域早已是硕果累累。

早期的人工智能，推动了计算机的发展，也推动了工业机器人的出现。到了今天，我们已经生活在真实意义上的人工智能海洋中了。我们平时在智能手机上使用的人脸、指纹识别是人工智能，我们用的电商平台和内容平台的推荐系统是人工智能，我们用的地图的导航算法是人工智能，我们用的打车约车的派单系统是人工智能，我们用的新能源车的自动驾驶是人工智能，我们用的谷歌翻译、有道翻译是人工智能，就连你读到的这本书的引言也是人工智能撰写的。

它们虽不是强人工智能，但在解决定向的任务时，采用的底层逻辑和方法，都是人工智能的成果。我们现在的生活变得如此便利，的确要向一直在努力的人工智能学者们致敬。

这本书的问世也是出于这样的目的。如果在合上本书之时，你对人工智能发展史上的这些人物，或多或少产生了一些温情与敬意，那么对于我写这本书而言，就足够臻于完美了。

本书的主要内容源于我与潇磊的播客“半拿铁”中的人工智能系列。感谢小宇宙和苹果播客平台，在如今快节奏、短内容为王的时代，能够给我们这样的长内容创作者留出空间，并能够让我们连接到愿意耐心听我们讲故事的听众。要感谢潇磊的支持，否则不会有这档播客节目；更要感谢听众，没有你们的支持，我们不会有动力创作这些内容。

因要符合图书出版规范，播客节目中的内容与这本书的内容略有不同，主要是在结构和文本上略有变化。感谢电子工业出版社的编辑老师，邀请我把内容整理出来，持续推动我改稿，并给出很多切实可靠的建议，进行重新编校，才让本书得以顺利出版。

还要感谢带我进入人工智能领域的研究生导师刘挺教授，感谢带我进入产品经理领域的锤子科技、滴滴出行的同事们。否则我不会对人工智能有这样的关注。